Matthias Röcke

HEEL

IMPRESSUM

HEEL Verlag GmbH
Gut Pottscheidt
53639 Königswinter
Telefon 0 22 23 / 92 30-0
Telefax 0 22 23 / 92 30 26
Mail: info@heel-verlag.de
Internet: www.heel-verlag.de

Verantwortlich für den Inhalt: Matthias Röcke

Satz, Layout (Fremddatenübernahme): Fotosatz Hoffmann, Hennef

Printed in Czech Republic

ISBN: 978-3-95843-508-7

DAS GROSSE ...

Liebe Leserin, lieber Leser,

„Wir gratulieren Ihnen zum Kauf“ – so lautete einst der erste Satz in der Gebrauchsanweisung eines Autos. So vermessen wollen wir gar nicht sein, auch wenn Sie ein Exemplar der renommierten „Großen Reihe“ aus dem HEEL Verlag in Händen halten. Mit dieser Reihe wurde vor beinahe 30 Jahren der Grundstein für das Technik-Programm des HEEL Verlags gelegt, der inzwischen der wohl wichtigste deutsche Verlag für Oldtimer-Literatur ist.

Im Laufe der Jahre sind 34 „Große“ Titel erschienen, der erste war 1986 „Das Große Buckel-Volvo-Buch“, der üngste hat die G-Klasse von Mercedes zum Thema. Die ältesten Bände sind freilich mittlerweile vergriffen – ınd ganz offenbar nach wie vor heiß begehrt und hoch gehandelt. Kein Wunder: Die gründlich recherchierten Verke haben nichts von ihrem Wert verloren und gelten nach wie vor als Standardwerke.

achdem sich nun immer wieder Leser nach den Klassikern erkundigen, wollen wir Sie nicht länger vertrösten ıüssen und haben uns entschlossen, zunächst einige ausgewählte Titel wieder zu veröffentlichen – und zwar ınz bewusst in der Form des Original-Reprints. Aufmachung, Anmutung, Texte und Bilder erscheinen genauso ie einst in der Erstauflage. Das hat ein klein wenig mit Nostalgie zu tun (immerhin ist der Verlag auch schon ıer 35), vor allem aber mit unserem und dem Glauben der Leser an den Wert der „Großen Reihe“.

n Anfang haben die vier Titel Mercedes Heckflosse, Opel Manta, VW GTI und Ford Capri gemacht, darauf gten BMW 02, Mercedes Ponton, VW Corrado, Alfa Spider, BMW Coupés und Fiat Spider. Nun geht es weiter : VW-Cabrio und Mercedes S-Klasse. Weitere Highlights der Reihe sollen folgen.

wünsche Ihnen viel Spaß mit Ihrem neuen „alten“ Buch

Christoph Heel, Verleger

ag GmbH | Gut Pottscheidt | 53639 Königswinter | info@heel-verlag.de | www.heel-verlag.de

Matthias Röcke

Inhaltsverzeichnis

Vorwort

Die faszinierende Welt des Automobils ist reich an großen Themen. Es müssen nicht immer die Klassiker sein, deren Geschichte Autoren und Verlage in ihren Bann ziehen, es können auch fast vergessene Allerweltsautos oder inzwischen abgeschlossene Irrwege der technischen Entwicklung sein. An so vielen Fahrzeugen, den Begleitumständen ihrer Entstehung, Herstellung und Nutzung lassen sich Technikgeschichte und der allgemeine Fortschritt ablesen. Schließlich gibt es kein Konsumgut unserer modernen Gesellschaft, das sich so gut zur Dokumentation von Zeitgeist und geschichtlicher Entwicklung eignet wie eben das Automobil. In jedem Autodesign und in dem Maß des gerade verwirklichten technischen Fortschritts drücken sich Zeiterscheinungen aus. Jeder Autokäufer teilt mit seiner Entscheidung für ein bestimmtes Auto etwas über sich selbst mit. Sei es, daß er Wohlstand, Sachverstand und Souveränität zum Ausdruck bringen will oder bewußt Bescheidenheit, Verzicht und Beschränkung auf das Notwendige. Ein Statussymbol ist das Auto in beiden Fällen.

Sich mit der Geschichte eines Autos oder mehrerer, unter einem festen Begriff zusammengefaßter Baureihen auch unter diesen Umständen zu befassen, ist eine hochinteressante Arbeit. Daß sie einen bei Produkten des Hauses Daimler-Benz besonders in ihren Bann ziehen kann, wird jeder verstehen, der sich in Gedanken oder de facto mit diesen Autos schon beschäftigt hat. Im Mercedes-Programm strahlen einige Sterne heller als die anderen. Ganz hell wirken die der SL-Baureihe, auch deshalb, weil hier Exklusivität, Höchstleistung und Motorsport zusammenwirken. Kaum blasser, jedenfalls immer noch sehr hell, leuchten die Sterne der S-Klasse. Die Autos sind selbstverständlich Oberklasse, eben die besondere „S-Klasse", dienen aber doch als Gebrauchsfahrzeuge viel mehr den Menschen im Alltag als der Sonderfall Sportwagen. Oberklasse mit vielfältigen Beziehungen in die Bereiche des täglichen Lebens, das macht die Faszination der S-Klasse aus.

Eingegrenzt wurde der Begriff der S-Klasse dabei auf die von den anderen Personenwagen im Daimler-Benz-Programm abgehobenen großen Limousinen, also ab der Baureihe W 108/109, erschienen im Jahre 1965. Davor hatte es das Einheitsmodell der „Heckflosse" gegeben, die Spitzenwagen der Ponton-Baureihe in den fünfziger Jahren waren ebenfalls nicht so stark von der „Mittelklasse" abgesetzt wie die der hier beschriebenen Baureihen.

Coupé und Cabriolet sind am Rande erwähnt, da sie zwar formell nach der Typologie und in der technischen Ableitung, nicht aber im allgemeinen Typbegriff zur S-Klasse zählen.

Die Arbeit an diesem Buch hat sehr viel Spaß gemacht. Ohne Unterstützung von verschiedener Seite wäre das Werk so nicht vollendet worden. Zu besonderem Dank verpflichtet bin ich den Archiven des Hauses, dem von Daimler-Benz in Untertürkheim in der Abteilung Archiv, Geschichte und Museum — und der Film- und Fotoabteilung EP/PITD von Mercedes-Benz in Sindelfingen. An beiden Stellen wurde mir freundlich, unkompliziert und sehr konstruktiv Hilfestellung gegeben. So weit die Archive nicht mehr, besser gesagt: noch nicht, zuständig waren, half in derselben Weise die Pressestelle von Mercedes-Benz weiter.

Die Mercedes-Benz IG, „zuständig" für die Typen W 108/109, förderte das Werk ebenfalls nachhaltig. In diesem Zuammenhang danke ich besonders Helmut Baaden, Technik-Spezialist und Kenner aller Details. Auch das Fotoarchiv der IG stand mir offen. Kurt Krulik hat mit der unglaublich reichhaltigen Prospektsammlung seines Motor-Archivs wertvolle Unterlagen beigesteuert.

Die Automodelle von Roland Rittmann waren der unverzichtbare „Hintergrund" für das entsprechende Kapitel. Schließlich danke ich allen Besitzern von Fahrzeugen der S-Klasse, die mir während der Arbeiten zu dem Buch begegnet sind, sich für Fototermine Zeit nahmen und Informationen lieferten.

Das Mercedes-Programm aus dem Jahre 1967: die Spitzenstellung gebührt nicht der S-Klasse, sondern dem 600

Das Besondere an der S-Klasse

Die Idee vom Einheitsmodell war mutig. Im Jahre 1959 hatte Daimler-Benz den ersten Schritt getan und mit dem neuen 220/220 S/220 SE – werksintern W 111 und von Mercedes-Freunden später „Heckflosse“ genannt – das künftige einheitliche Kleid des Personenwagenprogramms vorgestellt. 190/190 D sowie 300 SE folgten zwei Jahre später. Bis auf die um 14,5 Zentimeter verkürzte Gesamtlänge und die einfach runden Frontscheinwerfer des Kleinsten und die Sonderversion 300 SE lang sahen alle Mercedes-Limousinen gleich aus, unterschieden allein durch sparsame oder großzügige Verwendung von Chromschmuck. Selbst Coupé und Cabriolet hatten, wenn auch eigenständig im Aussehen, denselben Radstand, einzig dem in Kleinserie gefertigten 300 SE lang waren zehn Zentimeter mehr Radstand zugestanden worden.

Diese Baureihe ist als das Einheitsmodell in die Geschichte des Hauses eingegangen. Die Ponton-Baureihe ab dem Jahre 1953 machte auch äußerlich noch größere Unterschiede zwischen 180 und 220, unter anderem im Radstand, ähnlich war es mit den Modellen 170 unmittelbar nach dem Krieg.

„Wir wollen bewußt allen Kunden denselben Fahrgastraum und denselben Kofferraum anbieten“, hatte Dr. Fritz Nallinger, seinerzeit Vorstand für Konstruktion und Entwicklung, bei der Vorstellung des 190 im Jahre 1961 gesagt. Die Kunden der „kleinen“ Reihe haben es ihm gedankt, sie hatten Anteil am Flair der Großen. Fast wie in einem SE mögen sie sich gefühlt haben. Wer aber den SE hatte, mochte immer weniger in einem Auto fahren, das ein unbedarfter Passant auch für ein Taxi halten konnte. Zwar war die Serie beileibe kein Mißerfolg für Daimler-Benz – mit 230 und 230 S wurden sogar zwei Relikte drei Jahre lang weitergebaut, nachdem der Nachfolger 250 S schon da war –, Grund für die Ablösung dürfte aber jene Einheitlichkeit gewesen sein. Nach gutem Start auf dem Markt – da noch als Spitzenmodell über den Pontons 180/180 D und 190/190 D plaziert – stagnierte die Nachfrage bald. Vor allem das von den Fachleuten begeistert gefeierte Spitzenmodell 300 SE kam nie auf überzeugende Stückzahlen.

Keine dramatische Entwicklung zwar, da die Werke Sindelfingen und Untertürkheim ohnehin an der Kapazitätsgrenze arbeiteten, aber auch kein Rezept für die Zukunft, so stellte sich die Situation für die Verantwortlichen dar, als grünes Licht gegeben wurde für die künftige Spitzenbaureihe, die S-Klasse.

In der Bundesrepublik Deutschland gab es 1965, 20 Jahre nach Ende des Zweiten Weltkrieges, längst wieder Reichtum. Die Gruppe gut verdienender Unternehmer und anderer Selbständiger hatte sich gefestigt, während sechs Jahre zuvor, als die Baureihe der „Heckflosse“ erschien, die große Masse der später zu Geld gekommenen Bundesbürger noch im Aufstieg begriffen war. Man war zum Ende des Wirtschaftswunders stolz auf das Erreichte, hatte keine Hemmungen, den Reichtum zu zeigen, ganz im Gegenteil, dies sah man als verdienten Lohn aller Mühen an. Das Geld sollte mehr als früher sichtbar sein, deutlicher also, als es zusätzlicher Chromschmuck und ein paar Zentimeter in der Wagenlänge weitergeben konnten.

Und der Neue aus dem jahr 1965 machte es deutlich: Der große Mercedes ist da, die S-Klasse, ohne Verwechselungsgefahr mit einem Taxi oder „Bauerndiesel“. So ist es geblieben im Programm von Daimler-Benz und später Mercedes-Benz, es gab fortan den „kleinen“ und den „großen“ Mercedes. Der kleine avancierte 1982 zur „Mittelklasse“ und gab die unterste Stufe an den neuen 190 ab. Krönung aber ist seit 1965 die S-Klasse.

Die Rolle des 600 ist dagegen eine eigene, von den Stückzahlen her völlig unbedeutend. Sie ist eher als eine Fortsetzung der 300er-Tradition aus den fünfziger und sechziger Jahren zu sehen denn als eine weitere Aufstiegsmöglichkeit des gut betuchten Mercedes-Kunden. Die Produktionseinstellung der Staatskarosse zog sich bis 1981 hin, einen Nachfolger fand sie in der dritten und vierten Generation der S-Klasse nicht mehr.

Ein Teil des 600er-Images floß aber auch in den überragend guten Ruf der S-Klasse ein. Wurde in den sechziger und siebziger Jahren der Rolls-Royce, das nach Herstelleraussagen und generell unwidersprochen beste Auto der Welt, am ehesten noch mit dem 600 verglichen, so war es in den achtziger Jahren mehr und mehr die 1979 eingeführte S-Klasse, die in Qualität und Technik, vielleicht sogar in Sachen Ausstrahlung, an das Überauto aus England herankam.

Der Vergleich mit Rolls-Royce ist ohnehin nur theoretischer Natur, da dieses Auto, noch viel teurer als der Mercedes, für einen ganz anderen Kundenkreis gedacht ist. Ansonsten bewegte sich Mercedes mehr als zwei Jahrzehnte im konkurrenzlosen Raum mit seiner Spitzenbaureihe, im eigenen Land kamen Opel und lange Zeit BMW nicht einmal in die Nähe der Faszination (und der Stückzahlen) der S-Klasse. Erst der Siebener-BMW der dritten Generation, präsentiert 1986, schaffte es, vorübergehend im Inland die S-Klasse bei den Verkaufszahlen zu überflügeln, kräftig angeschoben von der alles überstrahlenden Wirkung des 12-Zylinders 750i ab Sommer 1987. Erst da gab es in dieser Klasse einen echten Zweikampf an der Verkaufsfront zwischen den beiden Rivalen, stark beachtet von den Medien und irritiert zur Kenntnis genommen in der Vorstandsetage in Untertürkheim. Der große BMW war der einzige Konkurrent, der überhaupt am Stern rütteln konnte und das nur im Inland, knapp in Front liegend mit einem nagelneuen, in der Tat überzeugenden Auto gegen eine Modellreihe, die bei Erscheinen des großen Bayern schon sieben Jahre produziert wurde. Und bis zur Ablösung der dritten S-Klasse-Generation 1991 lagen Mercedes und BMW fast gleichauf in der bundesdeutschen Zulassungsstatistik, elfeinhalb Jahre nach Einführung des Stuttgarter Spitzenmodells. Nichts macht die Ausnahmestellung dieser Autos, zumindest ab der zweiten Generation, deutlicher als diese Analyse. Erst das Erscheinen des neuen BMW brachte die Mercedes-Verkäufer in die Situation, die Limousinen tatsächlich auch verkaufen zu müssen. Bislang hatten sie nur verteilt und mit Genugtuung zur Kenntnis genommen, daß dank der langen Wartezeiten selbst die puren Verträge per Kleinanzeige gehandelt wurden.

Gefahr für die S-Klasse brachte im Herbst 1986 die 7er-Reihe von BMW

Für 1989 ging man von einem weltweiten Marktvolumen in der Oberklasse von 170 000 Fahrzeugen aus. Mercedes produzierte genau 62 110 Wagen der S-Klasse, BMW 45 556 7er Modelle, Jaguar rund 48 000 6- und 12-Zylinder-Limousinen (einschließlich des britischen Daimler), Audi von seinem V8 – es war das erste volle Produktionsjahr – 6918 Einheiten. Den Rest teilen sich verschiedene US-Modellreihen, wobei hier die Grenzziehung nach unten schwerfällt, und natürlich Rolls-Royce, die in jenem Jahr der Welt 3254 Autos bescherten.

Die Zulassungszahlen für den bundesdeutschen Markt für 1989 sahen wie folgt aus: 7er BMW 17 297, S-Klasse 14 626, Audi V8 2518, Jaguar/Daimler 1918 und – mehr als Randbemerkung – Rolls-Royce 101 Fahrzeuge.

Lange Zeit rannte Opel als wichtigster bundesdeutscher Konkurrent gegen die Bastion Mercedes an. Mit den ersten Baureihen in den fünfziger Jahren durchaus erfolgreich, mit den direkten Konkurrenten der S-Klasse dann nicht mehr. Sowohl Kapitän, Admiral und Diplomat in ihren drei Baureihen (1964 bis 1978) als auch die nachfolgenden Senator-Modelle spielten nicht mehr als die Rolle interessanter Außenseiter. Der Senator der achtziger Jahre hatte mehr mit der Mercedes-Mittelklasse als mit der S-Klasse zu tun. Noch stärker am Rande existieren seit jeher ausländische Anbieter. Fiats Anlauf mit dem 130 Ende der sechziger Jahre war ebenso vergeblich wie der von Peugeot mit dem 604 in den Siebzigern, von der Stellung auf den Heimatmärkten abgesehen. Citroën hatte da mit den avantgardistischen DS, CX und XM schon eine andere Position, obwohl sich die Franzosen im Laufe der Jahre der oberen Mittelklasse mehr annäherten als der eigentlichen Oberklasse. Sie hatten und haben aber einen festen, gar nicht so kleinen Freundeskreis. Jaguar konnte immer formvollendete Limousinen – schon früh als Zwölfzylinder verfügbar – aufbieten und hat auch in der Bundesrepublik seine allerdings kleine Schar von Anhängern. Hauptmarkt sind für Jaguar neben Großbritannien die USA. Im Gegensatz zu Citroën schafften es die Engländer, sich in der Oberklasse zu halten. Als in den achtziger Jahren die Verarbeitung der XJ-Limousinen dem Niveau der Klasse angepaßt wurde, war Jaguar – im Rahmen seiner eher exklusiven – Stückzahlen wieder in der Lage, eine echte Alternative anzubieten. Und das besonders seit der Einführung der neuen XJ-Limousinen ab 1988. Um dieselbe Zeit gesellte sich mit dem Audi V8 ein weiterer deutscher Konkurrent hinzu. Die Stückzahlen blieben bis 1990 bescheiden; die dem Audi 100 entwachsene Allrad-Limousine – trotz Automatikgetriebe Sportlichkeit verkörpernd – war zunächst in der Oberklasse ein Fremdkörper.

Ob die japanische Offensive zu Beginn der neunziger Jahre, eingeläutet vom Lexus, vielleicht auf den Exportmärkten die Stellung des Sterns verändern kann, darüber läßt sich bei Manuskriptlegung dieses Buches noch nicht abschließend befinden – pessimistische Prognosen für die fernöstlichen Konkurrenten scheinen aber angebracht.

Im August 1990 war die auslaufende S-Klasse ausverkauft, ein dreiviertel Jahr vor der Präsentation der neuen. Und noch etwas: Keine Nachrichtensendung im Fernsehen vergeht, ohne daß, wo auch immer, beim Vorfahren von Staatspräsidenten, Ministern oder Botschaftern die S-Klasse ins Bild rollt, gelegentlich abgelöst von einem BMW. Auch viele kommunale Spitzenbeamte in der Bundesrepublik Deutschland lassen sich im Mercedes zum Termin fahren, wenn auch Sparsamkeitsstreben hier die kleinere Mercedes-Baureihe oder Konkurrenzmodelle gewisse Marktanteile erobern läßt. Was aber die Bedeutung der S-Klasse – und das schon in den siebziger Jahren – unterstreicht: Häufig sind die Autos mit dem Stern auch im Ausland die bevorzugten Dienstwagen. Vielleicht ist es eine kleine Übertreibung, aber es hat den Anschein, als würde nur nationale Pflicht in Washington den Lincoln oder Cadillac, in

Prominenter Außenseiter: Jaguar XJ 6, hier der Sovereign 3.6 von 1989

Limousine mit zwölf Zylindern lange vor dem Mercedes 600: Jaguar/Daimler

London den Rolls-Royce oder den (englischen) Daimler, in Paris Citroën und Peugeot und in Moskau den ZIL rollen lassen. Wo es solche Zwänge nicht gibt, kann man fast darauf wetten, daß der Mercedes die Hauptperson ins Bild bringt...

Es wäre eine unfaire Behauptung, wollte man den Erfolg der vier bisherigen Generationen der S-Klasse überwiegend dem alles überstrahlenden Image des guten Sterns auf allen Straßen zuschreiben. Untrennbar mit der Faszination des Spitzenproduktes der Marke Mercedes verbunden – den SL ab 1989 muß man hier einschließen – sind nämlich epochale Neuerungen, die diese Autos mit sich brachten. Wieder und wieder ging Mercedes mit Fortschritten im großen und im kleinen voran, wendete teure neue Technik erstmals in der Oberklasse an, ehe sie, durch die Produktion rentabel geworden, im Programm nach unten wanderte und über an der Entwicklung beteiligte Zulieferbetriebe auch an die Konkurrenz ging. Bestes Beispiel ist das Anti-Blockiersystem. Natürlich hat Untertürkheim nicht alles erfunden, aber den Spitzenplatz hat man nie abzugeben brauchen. Und wenn es Irritationen gab und geschäftliche Rückschläge – Beispiel Geländewagen und Allradtechnik –, betrafen sie nie die S-Klasse.

Fragen der aktiven und passiven Sicherheit, der Umweltverträglichkeit und des maßvollen Umgangs mit der Energie fanden Antworten stets in Neuerungen der S-Klasse. Die Fahrgastzelle des W 116 mit ihrer Auslegung auf den Frontalaufprall mit voller Fahrzeugüberdeckung, die des W 126 mit einer Auslegung auf den wesentlich unangenehmeren Aufprall mit 40prozentiger Überdeckung, oder die Einführung des Dreiwege-Katalysators in derselben Baureihe 1985 gehören dazu. Die Baureihe W 140 schließlich trumpft auf unter anderem mit dem Konzept wiederverwertbarer Kunststoffteile. Bisher ist es dem Werk immer gelungen, die S-Klasse nicht nur an die Spitze des eigenen Programms zu stellen, sondern in vielerlei Hinsicht auch an die Spitze des Automobilbaus an sich.

Auf dem Weg zum Klassiker: Die W 126 hat auch nach Einführung des Nachfolgers noch ihre Freunde

Erste Generation (W 108/109)

Die Entscheidung für die automobile Oberklasse war zwar in die Tat umgesetzt, nur eindeutig positionieren mochte das Werk den neuen Wagen noch nicht. „Obere Mittelklasse" lautete deshalb die bei der Vorstellung lancierte Einstufung. Derartige Bescheidenheit hat man später bei Mercedes nicht mehr erlebt, die „S-Klasse" der folgenden Generationen ließ keinen Gedanken mehr an „Mittelklasse" aufkommen.

Die Verkaufsstrategen wollten wohl die im Programm belassenen Vertreter der alten Baureihe, vor allem den 230 S, nicht zu sehr abwerten, wußten sie doch, daß die später „Heckflosse" genannten Limousinen eine treue Anhängerschaft im Kundenkreis hatten. Technisch zwingend war der Wechsel seinerzeit keineswegs – diese Meinung spiegeln verschiedene Veröffentlichungen zur Präsentation des „Neuen" wider – die Marktgesetze aber verlangten ihn, die Aufsteiger warteten ungeduldig auf ihre Chance, sich von der (Mercedes-)Masse abzusetzen.

Die Karosserie der neuen Baureihe faszinierte von Anfang an. Weichere Linien als beim Vorgänger – und insofern sogar weniger an ihn als an den guten alten Ponton erinnernd – prägten den Wagen. Die Trapezform wurde nicht mehr so stark betont, die Heckflosse war entfallen, und doch wirkte die Karosserie vertraut auf den Betrachter. Das Ziel einer Versachlichung des Designs war erreicht worden. Durch die Heckflosse hatten sich die Stylisten ein wenig von der seinerzeit aktuellen Mode beeinflussen lassen (sie jedoch nicht „Heckflosse", sondern „Peilsteg" genannt), aber schon beim nur zwei Jahre nach der Limousine vorgestellten Cabriolet und Coupé war sie auf Andeutungen reduziert worden. Ein Zeichen dafür, daß man in Untertürkheim mit dem importierten Stilelement schon nicht mehr ganz glücklich war. Das Heck von Coupé und Cabriolet war die erste Weiterentwicklung der Karosserie und wurde in der neuen Limousine vier Jahre später verfeinert fortgeschrieben. Die Flossenandeutung war nun noch dezenter, die abfallende Gürtellinie stammte von Coupé und Cabriolet. Die Heckansicht selbst läßt die Limousine leicht mit dem Coupé verwechseln, nur die Lampen zeigten jetzt in Pfeilform zur Mitte – beim Coupé waren sie einfach abgeschrägt. Der große Mercedes-Stern auf dem Kofferraumdeckel und der breite Griff verstärkten den sachlichen Eindruck der Symmetrie. Die vertraute Heckpartie war Teil einer vom Betrachter auf den ersten Blick als modern eingestuften Karosserielinie. Diesen Eindruck riefen vor allem die niedrige Gürtellinie und die daraus folgenden großen Fensterflächen hervor. Das läßt den Wagen großzügig erscheinen, hell und geräumig, obwohl sich seine Maße nur geringfügig von denen der „Heckflosse" unterscheiden: um 15 Millimeter in der Länge – das machte allein die Gummiauflage in den Stoßstangen aus – und 25 Millimeter in der Breite war er gewachsen. Der Radstand war gleichgeblieben, die Spurweiten entsprachen dem alten 300 SE sowie dem Coupé und Cabriolet. An Höhe allerdings hatte er 60 Millimeter verloren, eine logische Konsequenz der neuen Proportionen.

Möglich machte dies im wesentlichen das tiefergelegte Fahrgestell. Die Vergrößerung des Innenraums war dennoch nicht nur ein rein optischer Eindruck, sondern auch in der Tat vollzogen worden: Nach außen versetzte Dachpfosten und gebogene Seitenscheiben hatten vorn 90 und hinten um 70 Millimeter Raum geschaffen, außerdem war das Armaturenbrett um ein paar Zentimeter nach vorn gerückt. Durch die gegenüber dem Vorgänger um 17 Prozent vergrößerte Frontscheibe fiel genug Licht auf den gewonnenen Platz. Und das erste, was dem probefahrenden Kunden positiv auffiel, war die verbesserte Sicht nach draußen. „Man sitzt nicht mehr so im Kasten", hieß es nach ersten Fahreindrücken, obwohl bei der niedrigen Gürtellinie die Sitze tiefer angebracht waren. Ganz ähnlich wie beim Vorgänger, hinten allerdings nicht so steil abfallend, verlief die Sicke in der Seitenlinie, durch Chrom in der optischen Wirkung verstärkt. Sie gab

Entwicklungsstufen im Karosserieentwurf für den W 108/109

dem Wagen scheinbar Schwung. Diese Linie war das einzige schmückende Beiwerk der durch und durch funktionell gestalteten Karosserie.

Die Front war weiter geprägt von den eleganten, hinter Glas gestellten Schweinwerfern. Der klassische Grill hatte die Einteilung in fünf Streifen behalten, saß aber jetzt tiefer und lief im „Mittelscheitel" nicht so spitz zu wie beim Vorgänger.

Nicht modisch, aber modern zu sein, diesen Anspruch des Hauses verwirklichte die neue Limousine überzeugend und ließ den Wagen sieben Jahre später neben dem Nachfolgemodell noch elegant aussehen.

Motor

Die Maschine des 250 S stammte im Prinzip aus dem Jahre 1951. Damals war sie im neuen 220 mit 80 PS und 2195 ccm Hubraum eingebaut. Über 85 PS beim 220a von 1954, 100 PS beim 220 S von 1956 und 110 PS beim 220 S von 1959 war der Motor nun bei 130 PS angekommen, erstmals erreicht mit einer Hubraumvergrößerung (sechs Millimeter längerer Hub, jetzt 2496 ccm). Statt vierfach war die Kurbelwelle nun siebenfach gelagert, neue Schwingungsdämpfer auf der Kurbelwelle sollten der Maschine noch mehr Laufruhe geben. Die zwei Registerfallstromvergaser mit Startautomatik hatte schon der Vorgänger 1963 als Weiterentwicklung erhalten. Zwei Vergaser hatte bereits ab 1956 der 220 S. Die Verdichtung war beim 250 S leicht erhöht worden (9:1 statt 8,7:1). Der Motor erreichte seine Maximalleistung jetzt bei 5400 Umdrehungen in der Minute – 400 mehr als beim 220 S –, das maximale Drehmoment lag bei 19,8 mkg bei 4000 U/min.

Ein Plus von 30 PS brachte die Hubraumvergrößerung dem von 1958 stammenden Einspritzmotor. Er drehte in den SE-Modellen von 1965 nur unwesentlich höher als die Vergaserversion und verfügte über ein maximales Drehmoment von 22 mkg bei 4200 U/min, die Verdichtung lag bei 9,3:1. Die Sechsstempel-Einspritzpumpe von Bosch war Anfang 1964 beim 300 SE eingeführt worden und hatte dort die im 220 SE bis zum Schluß verwendete Zweistempel-Einspritzpumpe ersetzt. Beide Motoren entwickelten ihre Leistung erst bei relativ hohen Drehzahlen, thermische Probleme waren die Folge. Mit Eingriffen ins Kolbenspiel kamen die Ingenieure dem Problem auf die Spur, nahmen aber damit einen zu hohen Ölverbrauch in Kauf. Eine Belegung des obersten Kolbenringes mit dem Schwermetall Molybdän schaffte schließlich Abhilfe. Was blieb, war die Notwendigkeit, viel Schaltarbeit zu leisten, wenn man flott vorwärtskommen wollte. Keine Sorgen machte dagegen der Leichtmetallmotor des ebenfalls 1965 präsentierten 300 SE. 170 PS hatte er schon ein Jahr zuvor, als im gleichnamigen Vorläufer die Leistung dieser hochmodernen Maschine um zehn PS angehoben worden war.

Drei Jahre später hatte der betagte Motor seine Endstufe erreicht: Mit dem 280 S und SE kam eine gründlich modernisierte Version auf den Markt. Die Hub-

Wie sollte es auch anders sein: Mercedes (LP 1216) fährt Mercedes. Selten ist die Ausführung des W 108 in Zweifarblackierung (obere Reihe)

raumvergrößerung auf 2778 ccm erreichte man durch eine erweiterte Bohrung. Dafür mußten die unverändert in Reihe angeordneten Zylinder anders gruppiert werden, bisher standen sie paarweise zusammen, jetzt in gleichmäßigem Abstand. Über einen außenliegenden Wassermantel wurde die Wärme abgeführt, im vorherigen Motor war dies noch mit Wasserkanälen zwischen den Zylinderpaaren geschehen. Das Schwermetall Molybdän, mit dem schon beim 250er thermische Probleme gelöst worden waren, kam in diesem Motor verstärkt zum Zuge, vier Kolbenringe pro Zylinder waren damit veredelt. Ein leistungsfähiger Luft-/Ölkühler wurde eingeführt an Stelle des vorherigen Ölkühlers, die neue Nockenwelle machte einen günstigeren Drehmomentverlauf möglich. Der Wagen fuhr sich dadurch elastischer, hatte auch bei niedrigen Drehzahlen Kraft, das hektische Rühren im Getriebe entfiel. 140 PS leistete der Vergasermotor jetzt, 160 der Einspritzer. Dieselbe Maschine kam ab 1968 auch in Coupé und Cabriolet und, von der Typbezeichnung etwas verwirrend, im 300 SE zum Einsatz, nachdem der aufwendig herzustellende, berühmte Leichtmetallmotor aus dem alten 300 SE aufgegeben worden war.

Erholt auch nach der weiten Fahrt zu jedem Traumziel: 300 SE mit Zeitzeugen

Mit einem Griff in den Baukasten bot Mercedes ab 1968 das neue Spitzenmodell der Oberklasse an, den 300 SEL 6.3. Es hatte den Motor des 1963 eingeführten 600 unverändert übernommen. 250 PS, maximales Drehmoment 51 mkg bei 4000 U/min, Verdichtung von 9:1, eine Achtstempel-Einspritzpumpe sind die Daten jener Maschine. Mit 221 Kilometern in der Stunde lag die Höchstgeschwindigkeit um 14 über dem „kleinen" 600, um 21 km/h über der Pullmann-Ausführung. Nur 1830 Kilogramm Gewicht beim 300 SEL 6.3 anstatt 2600 beziehungsweise 2770 Kilogramm beim Über-Mercedes waren hierfür der Grund.

Sensationen auf dem Motorensektor waren das alles nicht. Der Schritt zum 280 war überfällig angesichts der „Dienstzeit" des alten Motors, der 300 SEL 6.3 war ohnehin nur eine neue Kombination vorhandener Elemente. Richtig neu waren dagegen die 3,5-Liter- und 4,5-Liter-Motoren, sämtlich mit Einspritzung, eingeführt 1969 im 300 SEL. Sie kennzeichneten fortan innerhalb der neuen Klasse die bessere Hälfte. Es

Klassisches Mercedes-Gesicht aus der Mitte der sechziger Jahre. Senkrechte und waagerechte Linien stehen ausgewogen zueinander (280 SE 3,5)

Auch die Heckgestaltung der Baureihe W 108/109 überzeugt durch ruhige und klare Linienführung

waren Achtzylinder-V-Motoren, deren Bohrung auf 92 Millimeter angewachsen, während ihr Hub auf 65,8 Millimeter verkürzt worden war. Mit 5800 U/min drehte der Motor relativ hoch. Das maximale Drehmoment erreichte er mit 29,2 mkg bei 4000 U/min, war also gegenüber den alten Motoren stark angestiegen bei gleichgebliebener Drehzahl. Erstmals kam eine elektronische Benzineinspritzung zum Einsatz – eine wirklich neue Motorengeneration. Premiere feierte auch eine eigene Entwicklung für die USA: Der 4,5-Liter-Motor mit seinem auf 84,7 Millimeter vergrößerten Hub (statt 65,8) und dem Kompressionsverhältnis von 8:1 zielte auf die ab 1972 gültigen US-Emmissionsvorschriften. Der Motor verbrauchte allerdings zehn Prozent mehr Sprit als der 3,5-Liter – wieder einer von jenen Fällen technischen Fortschritts, der an anderer Stelle ein Rückschritt ist.

Getriebe

Wenig Neues bescherte die erste Generation der S-Klasse auf dem Getriebesektor. Sowohl das Vierganggetriebe als auch die Automatik stammten von den Vorgängern ab. Die Abstufung einzelner Gänge wurde den neuen Fahrzeugen angepaßt, ab September 1968 gab es für den 280 SE/SEL und 300 SEL einen fünften Gang. Die Automatik – hydraulische Kupplung und Viergang-Planetengetiebe – war 1961 beim damaligen 300 SE eingeführt worden und hatte Bestand bis zur zweiten Generation der S-Klasse, eingeführt im Jahre 1972. Die Mercedes-Automatik stand in dem Ruf, dem Fahrer zu viel Einsatz abzufordern, jedenfalls so lange, wie sportliche Fahrweise gepflegt wurde. Wer wollte, konnte die Automatik handhaben wie ein Schaltgetriebe, was aber natürlich nicht dem Sinn einer Automatik entspricht. In sämtlichen Modellen war die Automatik auf Wunsch lieferbar, den 300 SEL 6.3 gab es in handgeschalteter Version erst gar nicht. In allen Modellen, bei Automatik- und bei Normalgetriebe, gab es den Wähl- beziehungsweise Schalthebel nach Wunsch in der Wagenmitte oder am Lenkrad.

Fahrwerk

Doppelquerlenker, Schraubenfeder und Stabilisator vorn sowie Eingelenk-Pendelachse, Schubstreben, Schraubenfedern und die Ausgleichsschraubenfeder hinten, so war das Fahrwerk der Vorgängergeneration ausgerüstet, und dieses Erbe übernahmen 1965 die neuen Wagen. Dazu gehörte auch die Konstruktion des Fahrschemels, der Motor, Getriebeblock und die Einzelradaufhängung der Vorderräder trug. In einem Punkt gab es eine Weiterentwicklung: Die Ausgleichsfeder war einem hydropneumatischen Niveau-Ausgleich gewichen. Er sollte wirksamer als die Feder ein zu starkes Absacken des Wagenhecks bei starker Beladung verhindern. Dieser Stand hatte Gültigkeit bis zur Einführung der 3,5-Liter-Versionen. Statt des einfachen Stabi-

Statt der Uhr einen (kleinen) Drehzahlmesser: ein Erkennungszeichen des 300 SEL 6.3

lisators gab es nun vorn einen Drehstabstabilisator und Gummizusatzfedern, letztere auch hinten.

Eine Sonderrolle spielte die im 300 SE von 1961 eingeführte Luftfederung. Sie blieb auch in der neuen Modellreihe der absoluten Spitze vorbehalten: Nicht der 300 SE bekam sie eingebaut, sondern allein sämtliche 300 SEL-Modelle. Luftkammer-Federbälge sorgten für den Niveauausgleich.

Besuch am Fließband: Sänger Peter Alexander holt seinen 6.3 ab.

Die Kugelumlauflenkung, vom Vorgänger stammend, gehörte zu den indirekt ausgelegten Lenkungen, vier Umdrehungen waren nötig von „Anschlag" zu „Anschlag". Eine Servounterstützung wurde auf Wunsch angeboten. Spürbaren Fortschritt gegenüber den alten Modellen brachte die Bremsanlage: Nur noch Scheibenbremsen, lautete die Botschaft, versehen mit einer Zweikreishydraulik für die Vorderräder einerseits und die Hinterräder andererseits sowie einem Bremskraftregler für den hinteren Bremskreis.

Ausstattung

Neben der Heckflosse selbst kennzeichnete nichts mehr den Vorgängertyp als der Bandtachometer. Die „praktische Neuentwicklung" des Hauses – so wurde sie 1959 in Pressetexten gepriesen – zeigte die Geschwindigkeit nicht per Nadel an, sondern über ein nach oben laufendes farbiges Band. Das klappte zwar durchaus genau, mit dem Ablesen der Werte hatten die Besitzer der alten Mercedes-Limousinen aber ihre Schwierigkeiten. Schon bei Coupé und Cabriolets war der Bandtacho verschwunden, selbstverständlich kam auch 1965 die neue Reihe ohne ihn aus. Zwei große Rundinstrumente, ähnlich wie bei Coupé und Cabriolet, lenkten die Blicke auf sich. Es hatte sich wieder einmal gezeigt: Der gute alte Kreis ist an Übersichtlichkeit nicht zu überbieten. Zwischen Tachometer und dem Kombiinstrument für Öldruck, Kühlwasser und Kraftstoff saß eine kleine Zeituhr. Der Signalring im Lenkrad war abgeflacht und gab den Blick frei auf die Anzeigen. Der Hebel für Blinklicht, Lichthupe und Scheibenwischer war durch einen Schalter für die zweite Wischergeschwindigkeit ergänzt. Zweimal Heizung und Lüftung waren in der Mitte des Armaturenbrettes untergebracht, für jede Seite Fahrzeugseite extra.

Große Wohnwagen erfordern starke Zugfahrzeuge, hier ein Dethleffs Nomad

Das Armaturenbrett machte einen aufgeräumten, zum sachlichen Stil des Autos passenden Eindruck. Sicherheitslenkrad und Prallschutz waren seit dem Vorgängermodell Standard bei Mercedes. Schmale Holzflächen über die ganze Breite sorgten für den notwendigen Hauch von Exklusivität. Der Fahrersitz war auch in der Höhe verstellbar. Statt serienmäßiger Kunstleder- oder Textilbezüge gab es als Sonderausstattung gegen deftigen Aufpreis auch Ledersitze. Zum Wunschprogramm der Typen 250 bis 280 gehörten neben der Automatik eine Klimaanlage, die Servolen-

Arm kann der Besitzer dieses Gespanns nicht gewesen sein

kung, das elektrisch betätigte Stahlschiebedach, orthopädische Rückenlehnen, Zweiklang-Fanfare, Radio mit mechanisch bedienter oder automatisch arbeitender Antenne und letztmalig Weißwandreifen sowie den berühmten Daimler-Benz-Koffersatz, passend zum Typ. Die Kofferräume aller Autos sahen sich immer ähnlicher, so daß dieses spezielle Extra bei späteren Modellreihen nicht mehr im Prospekt auftaucht. Es wurden aber immer Standardkoffer für alle Mercedes-Modelle angeboten, zugeschnitten auf die Maße jeden Karosserietyps. Etwas ganz Feines gab es ab Frühjahr 1966 als Sonderwunsch: Die vom alten 300 SEL schon bekannte Zentralverriegelung, sie funktionierte mit Unterdruck. Elektrische Fensterheber waren ebenfalls gegen Aufpreis erhältlich.

TYPEN UND MODELLE

250 S (1965 – 1966)

Das Grundmodell des neuen Quartetts kam in den zwei vollständigen Produktionsjahren auf ordentliche Stückzahlen. Sie entsprachen in etwa denen des alten 220 S, wobei zu berücksichtigen ist, daß ein Einstiegsmodell wie seinerzeit der 220 in der neuen Klasse nicht existierte. Diese Rolle spielte jetzt der 230 S, die letzte Entwicklungsstufe der Heckflossenbaureihe.

Für 15 300,– DM war 1965 der Einstieg in die automobile Oberklasse geschafft. 74 677 Käufer entschieden sich bis in das Jahr 1968 hinein für den S. Sie verzichteten mit ihrem Kaufentscheid gegen den SE auf den Einspritzmotor, auf mehr allerdings nicht. Denn in Ausstattung und Karosseriedetails waren 250 S und SE sowie 300 SE identisch, abgesehen von der im 300 SE serienmäßig eingebauten Servolenkung. Die moderne Linienführung zog die Interessenten an, wohlhabende Selbständige, die gern ihre Zugehörigkeit zur oberen Einkommensschicht zeigten, die 1550,– DM Aufpreis für den Einspritzer aber doch lieber sparen wollten. Guten Geschmack konnte man auch mit dem S unter Beweis stellen...

Da war es egal, daß die Technik im wesentlichen vom Vorgänger abstammte. Der Motor war nun offenbar ausgereizt, die letzte Leistungssteigerung führte bei dem betagten Triebwerk – dessen Ursprungsjahr war 1951 – zu einem für Luxuslimousinen eigentlich unpassenden sportlichen Flair: Hochtourig wollte der Wagen in Schwung gehalten werden, der Ölverbrauch war erheblich, Kolbenfresser traten anfangs auf. Bald waren diese Schwierigkeiten jedoch beseitigt. Eigentlich war der hohe Ölverbrauch keine schlimme Angelegenheit, da Mercedes-Fahrer auch damals nicht arm waren und an Umweltprobleme noch niemand dachte. Aber sie waren es einfach nicht gewohnt, regelmäßig nach dem Ölstand zu sehen, und hatten deshalb relativ häufig ein ansonsten seltenes Erlebnis mit dem guten Stern auf allen Straßen: Sie blieben mit Motorschaden liegen. Zu jener Zeit konnten derartige Negativmeldungen dem guten Ruf des Werkes noch nichts anhaben. Zwanzig Jahre später hatten solche Rückschläge schon ernstere Folgen: Als es Mitte der achtziger Jahre Kritik und sogar Proteste um die Qualität der mittleren Baureihe W 124 gab, spürte das Werk dies im Absatz durchaus. Allerdings war das Haus Daimler-Benz in solchen Problemfällen immer kulant.

250 SE (1965 – 1968)

Waren es Snobs oder Kenner, die sich für den SE entschieden? Unter 55 181 Käufern wird es wohl beides gegeben haben und auch der nüchternste Kenner wird nicht ausgeschlossen haben, daß ihn das „E" auf der Kofferraumklappe gereizt hat. 1550,– DM Aufpreis für den um die Einspritzanlage aufgewerteten Motor war eine Menge Geld, es entsprach dem Monatsverdienst eines Akademikers in respektabler Stellung. Es muß

Die Mercedes-Koffer sind gepackt: Früher 250 SE mit Weißwandreifen

allerdings festgehalten werden, daß es sich – im Gegensatz zu späteren – um eine sehr aufwendige Einspritzanlage handelte. Nur um eine Sekunde, nämlich in zwölf, beschleunigte der Einspritzer den Wagen schneller von 0 bis 100 als der S, nur um zusätzliche neun Stundenkilometer, nämlich auf 193 km/h, steigerte er dessen Höchstgeschwindigkeit. Wie auch immer, die SE-Fahrer hatten ihre Gründe, und das Werk hatte richtig kalkuliert.

Der 250 SE auf dem Weg in die USA. Im Schiffsbauch sind bereits Limousinen der „Heckflosse“ verstaut. Man beachte die aufwendige Form der Verladung

280 S (1968 – 1972)

Die Innovation des Jahres 1968 betraf fast ausschließlich den nun viel durchzugskräftigeren Motor mit seinen in gleichen Abständen und nicht mehr paarweise angeordneten Zylindern. Äußerlich und in der Ausstattung blieb der Wagen dem 250 S gleich, erkennbar war die neue Version außer an der magischen Zahl auf dem Kofferraumdeckel aber an einen Kühlergrill mit größeren Karos als optischem Element. 93 935 Wagen wurden hergestellt.

Kraftvoll bergauf: ein 280 S/SE unterwegs

280 SE (1968 – 1972)

1600,– DM Aufpreis kostete der Einspritzmotor, oder, wie Spötter behaupten, das „E" auf dem Kofferraumdeckel. Ansonsten gab es keinen Unterschied zwischen den beiden mit der neuen Maschine ausgestatteten Wagen. Fast hätte der SE in der Produktionszahl den S erreicht, 91 051 Exemplare liefen vom Band.

280 SEL (1968 – 1971)

Wieder ein Griff in den Baukasten: Auch den 280 SE gab es nun in der Langversion. Allein die zusätzlichen Zentimeter und nicht eine gehobenere Ausstattung unterschieden ihn vom 280 SE. Preislich lag er um 4317,– DM unter dem 300 SEL und um 2664,– DM über dem 280 SE. 8250 Kunden nahmen das Angebot an und legten die 21 423,– DM auf den Tisch des Hauses.

300 SE (1965 – 1967)

Einen abgemagerten Nachfolger präsentierte Daimler-Benz bei der Vorstellung der neuen Baureihe. Der 300 SE war äußerlich mit den 250ern identisch, auf zusätzlichen Chrom zur Abhebung vom Basismodell

So sauber ist ein Auto nur, wenn Pressefotos gemacht werden. Die Leiste im Armaturenbrett weist diesen 280 SE als frühes Exemplar aus

wurde bewußt verzichtet. Der Wagen mußte aber ohne die Luftfederung des Vorgängers auskommen, in allen anderen Punkten hatte er dessen technischen Stand. Ein Glanzstück war der gleichwohl moderne Leichtmetallmotor inzwischen nicht mehr, er galt nun als etwas zu laut, war in der Herstellung teuer und brachte kaum noch Vorteile im Betrieb. Eine Servolenkung war beim 300 SE im Gegensatz zum 250 S und 250 SE serienmäßig, ebenso beim 300 SEL. Ab dem Frühjahr 1967 gab es – auf Wunsch statt des serienmäßigen Automatikgetriebes – eine Fünfgangschaltung von ZF. 2737 Kunden entschieden sich für den „einfachen" 300 SE und bezahlten dafür anfangs 21 500,– DM, ab April 1966 22 100,– DM. Die Resonanz blieb also wie schon beim ersten 300 SE bescheiden.

300 SEL (1966 – 1967)

Stolze 6500,– DM mehr kostete die Langversion, mit der in den Limousinen exklusiven Luftfederung deutlicher als in der Vorgängerbaureihe vom 300 SE abgehoben (die Luftfederung wurde außerdem in Coupé und Cabriolet eingebaut). Der um zehn Zentimeter verlängerte Radstand stand dem Auto gut, den praktischen Nutzen hatten die Mitfahrer auf der Rückbank. Der 300 SEL war das ideale Chauffeurauto, wenn einerseits der 600 nicht in Frage kam und andererseits der Inhaber auf den Genuß, selbst am Steuer zu sitzen, verzichtete. Elektrische Fensterheber und Veloursposlterung zählten zur Serienausstattung. Die Stückzahl betrug 2369.

300 SEL (1968 – 1970)

In gewissem Sinne ein Zwitter war dieses Modell: Der Leichtmetallmotor von 1961 war über Bord geworfen worden, das künftige 3,5-Liter-V8-Triebwerk aber noch nicht fertig. Der 300 SEL bekam deshalb die Maschine des 280 SE – wie beim 280 SL mit 10 PS mehr – und unterschied sich vom 280 SEL durch seine Luftfederung. Nur 2519 Wagen wurden abgesetzt, etwa ein Drittel der Zahl des 280 SEL.

300 SEL 6.3 (1968 – 1972)

Das Topmodell für die „Normalverbraucher" unter der besonders gut betuchten Mercedes-Klientel. Der 600

Nur im Stadtverkehr konnte der Hintermann die zwei Schriftzüge entziffern: 300 SEL 6.3 stand für das schnelle Traumauto schlechthin

Begehrt war von die USA-Version der Hauptscheinwerfer, äußerliches Kennzeichen des 300 SEL 6.3 und außerdem ein gefragtes Ersatzteil

kam wegen seiner besonderen Stellung als Staatskarosse oder zumindest exklusive Direktionslimousine für das Gros der Kundschaft nicht in Frage. Hier war eine fulminante Kombination geschaffen worden, ein feiner „Wolf im Schafspelz". Der Wagen lief bis zu 221 km/h Spitze und beschleunigte in acht Sekunden von 0 auf 100. Zum Vergleich die Daten des 280 SE: 193 km/h und elf Sekunden. Diese atemberaubenden Fahrleistungen waren für viele Fahrer offenbar so verlockend, daß sie sich nicht selten dazu verleiten ließen, den Wagen allzu stark zu strapazieren. Lagerschäden, aber auch Defekte an Hinterachse und im Getriebe kamen – untypisch für Mercedes – häufig vor. Karosserie und Luftfederung entsprachen dem Stand des 300 SEL, der V8-6,3-Liter-Motor war dem berühmten 600 entnommen. Als optische Unterscheidungshilfe von den anderen Limousinen erhielt der Wagen höchst eindrucksvoll wirkende, gut erkennbare Halogenscheinwerfer, ähnlich der US-Version aller Mercedes-Modelle. Diese Scheinwerfer wurden gern als Ersatzteil auch für die „kleineren" Wagen geordert...

Die Liste der Sonderausstattungen ist kurz: Klimaanlage, Kopfstützen und Sicherheitsgurte (!) – die Notwendigkeit der Gurte hatte sich keineswegs herumgesprochen, der Prospekt mußte dezent darauf hinweisen –, Schiebedach, Telefon und Radio neben Lederpolsterung, Koffersatz und Weißwandreifen.

Stolz war natürlich nicht nur das Auto, sondern auch der Preis: Er begann bei 39 160,– DM und lag bei 43 400,– DM als das Modell im September 1972 aus der Produktion ging. Zum Vergleich: Der 600 kostete 1967 immerhin 56 500,– DM. Verkauft wurden vom 6.3 insgesamt 6256 Wagen.

300 SEL 3,5 (1969 – 1972)

Die Zwischenlösung war überstanden, der „echte" neue 300 SEL war da und brachte als erster die neuen V8-Motoren auf die Straße. 9583 Autos wurden bis 1972 verkauft.

Der Wagen erreichte damit die höchste Zahl aller SEL-Versionen. Im Preis hatte er – wenn man vom 300 SEL 6.3 absieht – eine Schallmauer durchbrochen: 31 025,– DM.

280 SE 3,5 (1971 – 1972)

Der neue 280 SE ging zwei Jahre vor Ablösung der Baureihe in Produktion. Die Kombination des hochmodernen Triebwerks mit der vertrauten Karosserie überzeugte immerhin noch 11 309 Kunden, der Listenpreis betrug 24 920,– DM, 3000,– DM mehr als die parallel produzierten bisherigen 280 SE. Im Jahre 1971, dem einzigen gemeinsamen vollen Produktionsjahr der 280er, entschieden sich 14 871 Käufer für den Sechszylinder und 7450 für den V8.

In dieser Ausrüstung kam der 280 SEL 3,5 trotz seiner 200 PS nicht auf hohe Geschwindigkeiten: 1971 waren Spikes noch erlaubt

280 SEL 3,5 (1971 – 1972)

Dieses Modell blieb ein Exot, ganze 951 Autos des Achtzylinder-SE in Langversion wurden verkauft, in Deutschland für einen Preis von 27 310,– DM.

280 SE 4,5 (1971 – 1972)

Für die USA hatte Mercedes einen 4,5-Liter-Motor mit 195 PS parat, als 280 SE wurde das Exportmodell 13 527 mal verschifft und kam damit auf die höchste Zahl aller für den US-Markt gebauten Limousinen.

280 SEL 4,5 (1971 – 1972)

Auf der Rückbank maximale Bequemlichkeit vorzufinden, ohne jedoch den Preis für den 300 SE bezahlen zu müssen, dies zogen in den USA 8173 Kunden vor. Auch diesem Wagen blieb die Ausstattung des 300 SEL vorenthalten.

300 SEL 4,5 (1971 – 1972)

Die US-Version mit dem auf 4,5-Liter vergrößerten Motor wurde 2553mal verkauft.

Mit einem wahren Lampensammelsurium wurden Fahrzeuge für USA ausgerüstet

Zweite Generation (W 116)

Daß Daimler-Benz mit der 1972 präsentierten neuen S-Klasse eine Aufrüstung verwirklicht hatte – der Konkurrenz gegenüber in technischer, der Kundschaft in preislicher Hinsicht –, machte das Design deutlich. Unter Beibehaltung der harmonischen Linienführung der alten Modellreihe erhielt die Limousine so viele optische Zutaten und Veränderungen, daß sie einen ganz anderen Anspruch verkörperte: Breit und schwer kam der Wagen daher, vorn und hinten optisch gewichtig gemacht, mit mehr Chrom rund um das ganze Auto als zuletzt üblich, das sollte unmißverständlich sowohl dem Besitzer als auch dem Betrachter im Straßenverkehr mitteilen: Hier kommt die teure, luxuriöse automobile Oberklasse, hier kommt die Spitze des (in Großserien produzierten) Automobilbaus. Die fast aggressiv wirkende Wagenfront wollte da keinen Widerspruch dulden, die majestätischen Ausmaße des Autos verbreiteten einen gewissen Absolutheitsanspruch. Das alte Vorurteil gegenüber Mercedes-Fahrern, sie hätten mit dem Stern auf der Motorhaube auch die Vorfahrtautomatik eingebaut, bestätigte, wenn überhaupt Optik dies tun kann, die S-Klasse von 1972 am ehesten: „Hoppla, jetzt komm' ich!" Die vornehme Sachlichkeit aus der Vorgängerbaureihe war ungeniert zur Schau gestelltem Selbstbewußtsein gewichen.

Dies geschah allerdings nicht in der Absicht zu blenden. Vielmehr war das neue Auto in der Tat ein Spitzenerzeugnis, und das wurde eben deutlich gezeigt. Ganz neue sicherheitstechnische Elemente hatten die Karosserie faktisch so schwer gemacht, wie sie optisch wirkte. Auch das wurde bewußt nicht verborgen, im Gegensatz zum Design des Nachfolgers.

So sehr diese Erscheinung von der Kundschaft begrüßt wurde – die hohen Produktionszahlen beweisen es –, so sehr wurde sie von vielen Nicht-Mercedes-Fahrern und Nicht-Mercedes-Freunden der Marke zum Vorwurf gemacht.

Front- und Heckgestaltung waren den ein Jahr zuvor eingeführten Coupés 350 und 450 SL entnommen. Natürlich behielt die Front ihre traditionelle Aufteilung mit dem vertrauten, jetzt nur noch in vier horizontale Felder aufgeteilten und flacher gehaltenen Grill und dem Stern auf der Motorhaube bei (während der SL ja bekanntlich den Stern im Grill bei ganz anderer Flächenaufteilung trug). Die Lichtbänder vorn mit seitlich integrierten Blinkleuchten stammten stilistisch vom SL, die Motorhaube mit dem erhöhten, vom Grill ausgehenden Mittelteil ebenso. Die dicken Stoßstangenauflagen wurden vorn und hinten um die Kanten gezogen mit seitlicher Chrom- und Gummileiste, unterbrochen durch die Radausbuchtungen. Chrom lief um sämtliche Türöffnungen und Fenster. ähnlich war er zwar auch beim Vorgänger verteilt, dort aber viel dezenter.

Am neuen Wagen fiel besonders die mit einer Doppelchromleiste betonte A-Säule auf, dafür folgte der Chromschmuck in Höhe der Gürtellinie nur noch den Fenstern, sparte also die breite C-Säule aus. Das Heck beherrschten die Breitbandlichter des SL. Gummiwülste in den Stoßstangen und elastische Einlagen in den Zierleisten sorgten für Schutz vor geringfügigen Schäden an der Karosserie. Viel Mühe hatten sich die Entwickler gegeben, um die Verschmutzung in Grenzen zu halten. Seitenscheiben und Heckleuchten lagen in einer relativ verwirbelungsfreien Zone. Wieder eine von den durchdachten Kleinigkeiten, mit denen Mercedes zu beeindrucken pflegt.

Der Radstand war um 115 auf 2865 Millimeter verlängert, die Spur vorn um 29, hinten um 20 Millimeter verbreitert worden. Nur um 60 Millimeter länger geworden war der große Mercedes und maß jetzt 4960, um dasselbe Maß war die Breite angewachsen, die Höhe betrug nun 1425 Millimeter, 15 weniger als beim Vorgänger.

Im Radstand übertraf die „einfache" Limousine der neuen Baureihe die Langversion der alten bereits um 15 Millimeter. Noch verfeinerter Komfort war einer der großen Vorzüge der Neuvorstellung.

Mancher Irrweg wird gegangen, ehe das Ziel erreicht ist: Studien zur Karosserie des W 116

Motor

Der erst 1968 auf 2,8 Liter vergrößerte und dabei noch einmal modernisierte Motor vom Typ M 130 hatte vier Jahre später ausgedient. Seit 1951 war er stetig weiterentwickelt worden, 1972 mußte endlich eine Neukonstruktion her. Die Maschine des neuen 280 S war bei seiner Präsentation freilich bereits bekannt durch den 280/280 E aus der „kleinen" Baureihe, die im selben Jahr auf den Markt gekommen waren. Das neue Aggregat – M 110 genannt – zeichnete sich vor allem durch zwei obenliegende Nockenwellen aus. Der Reihensechszylinder leistete bei fast gleicher Kubikzentimeterzahl 20 PS mehr. Sein maximales Drehmoment von 23 mkg erreichte er bei 4000/min. Die Verdichtung war mit 9:1 gleich geblieben mit Rücksicht auf die Bleireduzierung im Kraftstoff, statt zweier Registerfallstromvergaser hatte der Motor nun einen Doppel-Registerfallstromvergaser. Geänderte Brennraumgestaltung und eine besondere Form des Kolbenbodens sollten sowohl Leistungs- wie Verbrauchswerte optimieren. Eine elektronisch gesteuerte Einspritzanlage hatte nun auch der 280 SE. Bosch lieferte die D-Jetronic. 1976 stieg man allerdings auf eine mechanische Einspritzung um (Bosch K-Jetronic). Der rein elektronischen Einspritzung hatte es an letzter Zuverlässigkeit gefehlt. Ein defektes Relais zum Beispiel konnte den Motor schon lahmlegen. Über 185 PS verfügte der 280 SE, das waren 25 mehr als beim Vorgänger. Der um 105 Kilogramm schwerer gewordene SE schaffte genau 200 km/h Spitze, sieben km/h mehr als der alte 280 SE. Der 280 S der neuen Baureihe war in der Endgeschwindigkeit um fünf Stundenkilometer schneller als der alte, und nur um eine halbe Sekunde hatte sich der Beschleunigungswert in der Spanne von 0 – 100 km/h verbessert. Aber darauf kam es wohl den Entwicklungsingenieuren nicht an, das mit dem neuen Motor angepeilte und auch erreichte Ziel war eine gleichmäßigere, kraftvollere Kraftentfaltung auf dem „Weg" zur Höchstgeschwindigkeit.

Der noch aus dem Vorgänger bekannte V8-Motor wurde zunächst unverändert in den neuen Wagen übernommen. Zweimal änderte man seine Leistung, 1976 fielen zunächst fünf der 200 PS weg, 1978 legte

Niedrig und breit wirkt die Linienführung des W 116

man dann 10 PS drauf. Hintergrund dieser auf den ersten Blick unverständlichen Maßnahmen war die Bleireduzierung des Kraftstoffes. Aus Vorsicht hatte man die Leistung zurückgenommen, als nur noch 0,15 Gramm Blei pro Liter (1972: 0,45 g/l) im Kraftstoff erlaubt waren. Die Vorsicht stellte sich aber als übertrieben heraus, 1978 konnte man die PS-Zahl wieder erhöhen. In Sachen Einspritzanlage machte der V8 dieselbe Entwicklung mit wie der Reihensechszylinder, er erschien mit der elektronischen D-Jetronic-Einspritzpumpe und wurde dann auf die mechanische K-Jetronic umgestellt. In der Endgeschwindigkeit war der neue 350 SE dem alten um fünf Kilometer unterlegen, in der Beschleunigung von 0 auf 100 km/h ebenbürtig.

Im März 1973 erfuhr das Motorenprogramm eine wesentliche Erweiterung. Die noch in der alten Baureihe für den US-Markt eingeführte 4,5-Liter-Maschine war von 195 auf 225 PS gebracht worden bei einem maximalen Drehmoment von stattlichen 38,5 mkg bei nur 3000/min. Auch hier wurde die PS-Zahl zweimal verändert, zunächst auf 217 reduziert, dann wieder auf den alten Stand gebracht. Die Entwicklung bei der Einspritzanlage verlief identisch mit der bei den anderen Motoren, die Endgeschwindigkeit lag nun bei 210 km/h, die Beschleunigung von 0 auf 100 aber bei 10,5 Sekunden, was die etwas unterschiedliche Motorcharakteristik der beiden V8-Maschinen deutlich macht.

Mit der klangvollen Bezeichnung M 100 war der große Motor 1964 für den Mercedes 600 geschaffen worden. Im 300 SEL 6.3 hatte er 1968 ein neues Betätigungsfeld gefunden und der ersten Generation der S-Klasse zu einer zusätzlichen Attraktion verholfen. Er war gut genug, dies auch noch in der nächsten Generation zu tun, wenn auch mit Modifikationen. Die Maschine des 450 SEL 6,9 hatte dank vergrößerter Bohrung 6834 Kubikzentimeter und 286 PS (ein Plus von 36 PS) aufzuzeigen. Von 51 auf 56 mkg war das maximale Drehmoment gestiegen, entfaltet bei 3000/min. Verändert worden war auch die Einspritzpumpe, die alte Achtstempel-Pumpe war der mechanischen

Prestige: vom Mercedes gleich in den Privatjet, auf dieses Publikum zielt Mercedes-Benz seit jeher mit seinen Top-Modellen

K-Jetronic gewichen, die zum Zeitpunkt der Präsentation bereits in den anderen Limousinen eingeführt war. Die Leistungswerte des Wagens hatten sich fast gar nicht verändert, die Höchstgeschwindigkeit war um lediglich vier auf 225 km/h geklettert, die Beschleunigung sogar etwas schwächer geworden wegen des höheren Gewichtes und einer anderen Automatik.

Eine Premiere ganz besonderer Art war die Vorstellung des ersten Dieselmotors in der S-Klasse: 300 SD hieß der erst 1977, zwei Jahre vor Ablösung der Baureihe, ausschließlich für die USA bestimmte Wagen. Eingebaut war er in die Grundversion mit dem kürzeren Radstand. Es handelte sich um einen Reihenfünfzylinder, einen Vorkammer-Diesel mit Garrett-Abgasturbolader und 115 PS. Der Turbolader arbeitete mit einem Druck von 0,75 bar, die Verdichtung des Motors lag bei 21,5:1. Der Motor stammte aus der Kleinlastwagen-Produktion und war im L 406 D, einem 3,5-Tonner, als OM 615 im Jahre 1968 eingeführt worden. Exakt der Motor aus dem 300 SD, allerdings ohne Turboaufladung, fand dann ab 1982 im 209-D-Transporter Verwendung.

165 km/h schnell konnte der 300 SD sein, von 0 auf 100 brauchte er 17 Sekunden. 14 Liter Diesel nahm er sich auf 100 Kilometer, nur zwei weniger als der 280 S sich an Superbenzin genehmigte! In den USA waren Dieselautos als Folge der Ölkrise von 1973 seinerzeit sehr populär, die große Dieselwelle in Europa sollte erst noch folgen und da zunächst auch nur in den kleineren Klassen.

Getriebe

Weitgehend dem von den Vorläufern bekannten Stand entsprachen die Getriebe der zweiten S-Klasse. Wahlweise vier oder fünf Gänge wurden wie zuletzt in den W-180-Modellen angeboten – sogar mit den dort verwendeten Übersetzungen; der 350 SE war dabei nur mit Vierganggetriebe versehen. Vier Gänge hatte auch die Automatik für die Sechszylinder, nun aber mit Drehmomentwandler. Die Automatikversionen der beiden V8-Modelle waren jetzt im Gegensatz zu früher mit nur drei Geschwindigkeitsbereichen ausgerüstet, ebenso der 6.9. 280 S, 280 SE und der 300 SD – letzterer ausschließlich – wurden mit der alten Viergang-Automatik ausgeliefert. Noch nicht ganz verschwunden war der Lenkradwählhebel, auf Wunsch blieb er nach wie vor lieferbar. In der Regel erfolgte die Bedienung der Getriebe aber von der Wagenmitte aus. Das galt auch für die US-Version 300 SD. Abschleppen von Mercedes-Automatik-Wagen war übrigens möglich, die Autos hatten mit der gesonderten Ölpumpe für die Hydraulik die dazu erforderliche Voraussetzung. Mit dieser Technik nimmt Mercedes bis heute eine Sonderstellung ein.

Ein weiterer Meilenstein der Fahrwerkstechnik im Hause Daimler-Benz war dem 6.9 vorbehalten: Das hydropneumatische Federungssystem mit Federbeinen und Gasfederspeichern, ähnlich der bei Citroën schon lange bewährten Anlage, steigerte den Komfort beim Spitzenmodell dank stets gleichbleibender Federwege noch einmal erheblich.

Bei der Lenkung wurde aus Kür Pflicht: Die Servohilfe gehört bei dieser Modellreihe zur Standardausrüstung. Die erforderliche Anpassung der Bremsanlage war bereits dem Vorgänger beschert worden, nämlich Scheibenbremsen auch hinten. Kurz vor Ende ihrer Laufzeit erfuhr die zweite S-Klasse dann aber eine epochale Neuerung: 1979 wurde das Antiblockiersystem eingeführt, und zwar auf Wunsch zu einem horrenden Aufpreis von rund 2500,– DM.

Wie wintertauglich sind die Autos der S-Klasse? Die Fotografen der Pressestelle hatten keine Bedenken

Neues Selbstbewußtsein strahlt dieses Gesicht aus, dank Breitscheinwerfer und massiger Stoßstange: „Hoppla, jetzt komm' ich"

Fahrwerk

Weit mehr investiert hatte Daimler-Benz in das Fahrwerk der neuen Wagen. Die Schräglenker-Pendelachse hinten hatte Premiere, die Eingelenk-Pendelachse ausgedient – ein wesentlicher Pluspunkt bei der Beurteilung und beim „Erfahren" des Komforts. Der Drehstabstabilisator gehörte jetzt zur Ausrüstung der Hinterachse bei allen Fahrzeugen. Die Vorderradaufhängung hatte Zusatzfedern und ebenfalls den Drehstabstabilisator erhalten. Stolz war man im Hause Daimler-Benz auf den „Lenkrollradius Null": Dabei mündet die Drehachse des Vorderrades (als gedachte Linie) genau in den Mittelpunkt der Radaufstandsfläche. Bislang lagen diese Punkte um einige Millimeter auseinander. Der technische Fortschritt schlug sich im Bremsverhalten nieder, das Wirken ungleichmäßiger Kräfte wurde eliminiert. Diese Vorderachskonstruktion war im berühmten Versuchswagen C 111 mit Wankelmotor erprobt worden.

Ausstattung

Kunstleder und Holz gaben dem Armaturenbrett Form und Gestalt, wie gehabt. Drei Rundinstrumente, jetzt anders aufgeteilt, übermittelten alle notwendigen Informationen, der Tachometer als größtes in der Mitte, die Anzeigen für Kraftstoff, Kühlwassertemperatur und Öldruck in dem links davon plazierten und ein Drehzahlmesser oder die Uhr auf der rechten Seite. In der Stirnwand der Mittelkonsole waren Radio und Heizung/Lüftung untergebracht. Ab 1977 gab es auch hier eine noble Holzverkleidung. Gepolstert und mit Kunstleder überzogen, so präsentierte sich die Innenausstattung, zusammen mit dem Teppichboden farblich aufeinander abgestimmt. Zentralverriegelung, Leichtmetallfelgen, Feuerlöscher, Sitzheizung für die Vordersitze und orthopädisch geformte Sitze gehörten zum Katalog der Sonderausstattungen ebenso wie Klimaanlage, Automatik, Niveauregulierung, Radio und Telefon sowie Tür-Innenpolsterung und die beheizbare Heckscheibe. Recht stattlich, aber doch eine bescheidene Liste angesichts der technischen Möglichkeiten in den neunziger Jahren. Eine Prospekterwähnung wert war in jener Zeit der von innen verstellbare Außenspiegel, weder elektrisch, noch beheizbar, wie es zehn Jahre später Standard war.

Auf dem Weg zum WM-Titel: Bundestrainer Helmut Schön mit Dienstwagen

TYPEN UND MODELLE

280 S (1972 – 1980)

Ein völlig neuer Wagen mit attraktiver, hochaktueller Karosserie, so stark und so schnell wie der alte SE – allerdings 2210,– DM teurer als dieser: Der 280 S war ein gutes Angebot des Hauses Daimler-Benz. Gegenüber dem alten 280 S war die PS-Leistung um 20 gewachsen und entsprach damit exakt der früheren SE-Marke, die Fahrleistungen lagen nur geringfügig darunter. Mit 122 848 Exemplaren mußte der S dennoch hinter dem allgewaltigen SE mit Platz zwei zufrieden sein. Dies stand im Gegensatz zur Situation bei den früheren 280 S bzw. 280 SE. Nur 1974 und 1975 konnte der 280 S das Prestigemodell übertreffen. Ausstattung und Komfort hatten in jenen Jahren ihre Maßstäbe in der Qualität der S-Klasse, auch der anspruchsvolle Stammkunde war zufrieden mit dem Auto, unabhängig davon, welche Typenbezeichnung sein Wagen auf dem Kofferraumdeckel trug. Ohne nennenswerte Veränderungen wurde der 280 S fast acht Jahre lang gebaut. Wegen der Bleireduzierung im Kraftstoff war 1976 die Motorleistung um vier auf 156 PS zurückgenommen worden. Gern wurde der Wagen in ferneren Exportländern geordert, wo man sich im Service an eine Einspritzanlage nicht so recht herantraute. Deshalb bekam der 280 S intern auch den wohl scherzhaft gemeinten Namen „Kolonialwagen".

280 SE (1972 – 1980)

Trotz der anerkannt ausgewogenen Eigenschaften des 280 S wurde auch in dieser Baureihe der SE zum Spitzenreiter in der Verkaufstabelle. 150 583 Wagen vom Typ 280 SE wurden abgesetzt, 1700,– DM betrug der Aufpreis der Einspritzanlage bei dessen Erscheinen. Auch hier wirkte die Faszination der Buchstaben SE. Im Zuge der Umstellung auf die mechanische K-Jetronic Anfang 1976 erhielt der kleinste Einspritzer ebenso wie die größeren diese neue Anlage. Kleine Eingriffe in den Motor führten zweimal zu Leistungsveränderungen, wie beim 280 S gab es zunächst eine Reduzierung der Leistung, die aber 1978 wieder auf den alten Stand von 185 PS korrigiert wurde. Vom S unterschied sich der SE auch durch die wartungs- und verschleißfreie Transistorzündung sowie eine elektrische Kraftstoffpumpe.

280 SEL (1974 – 1980)

Im März 1974 folgte die obligatorische Langversion des Diplomaten- und Direktionsfahrzeugs auch mit der kleinen Maschine. Die zehn zusätzlichen Zentimeter störten die Optik keineswegs, die großzügige Linienführung vertrug die neuen Längenmaße gut. Für den

Deutlich ruhiger wirkt das Heck, obwohl auch hier Stärke demonstriert wird

Unter dem Christbaum werden nicht viele ein solches Auto vorgefunden haben. Die Dame am Steuer saß dort auch nur für den Fotografen

Drei Monate später sah das Pressefoto so aus

280 SEL entschieden sich in den sechs Jahren Produktionszeit 7032 Kunden, 2700,– DM Aufpreis gegenüber dem SE mußten sie zu Beginn hinblättern. Die Differenz blieb in dieser Größenordnung bei leichten Schwankungen durch alle Produktionsjahre. Gegenüber dem teuersten SEL, dem 450 SEL, sparte der Käufer immerhin 9400,– DM, ein Betrag, über den auch ein Mercedes-Eigner nachdenken konnte…

350 SE (1972 – 1980)

Eine Typenbereinigung war notwendig bei den V8-Versionen. In der neuen Reihe gab es nur noch den 350 SE, die verwirrende Bezeichnung des Vorgängers (280 SE 3,5) war gestrichen worden. Die Alternative zum „Standard-SE", inzwischen nur noch mit dem zweitmodernsten Triebwerk versehen, hielt zum 280 SE den alten Preisabstand (3330,– DM vorher, 3400,– DM jetzt). Dieser Typ hatte seine Stammkundschaft wie andere auch, 51 100 Exemplare liefen insgesamt vom Band, außer im zweiten Jahr mit einem Schnitt von rund 7000 Fahrzeugen pro Jahr, ganz ähnlich wie beim Vorgänger. Der Motor war mit dem im W 108 eingebauten identisch, von den geringfügigen Änderungen der PS-Leistung abgesehen. Entsprechend den anderen Typen der Modellreihe erhielt der 350 SE 1976 die mechanische Benzineinspritzung.

350 SEL (1974 – 1980)

4266 Fahrzeuge wurden ausgeliefert, prozentual übrigens weit mehr im Verhältnis zum Basis-Radabstand (8,34 % der Produktionszahl des 350 SE) als beim 280 SEL, der es nur auf 4,6 % der 280-SE-Zahl brachte.

So viel Pracht: die neue S-Klasse von 1972, die Dame des Hauses im teuren Pelz und moderne Architektur als passender Hintergrund

450 SE (1973 – 1980)

Um den seit 1969 produzierten V8-Motor in Laufruhe und Kraftentfaltung zu optimieren, startete das Werk im Frühjahr 1973 die Produktion des 450 SE. Der vergrößerte Hubraum brachte zunächst 25 PS mehr, ab 1976 beschied man sich mit einem Plus gegenüber dem ursprünglichen V8 von 17 PS, die Bleireduktion im Benzin war auch hier die Ursache. Gewaltig angewachsen war das maximale Drehmoment, jetzt 38,5 statt 29,2 mkg bei relativ niedrigen 3000/min. Die um fünf Stundenkilometer auf 210 km/h gesteigerte Endgeschwindigkeit fiel nicht ins Gewicht, auch nicht die Beschleunigungsleistung von 0 auf 100. Sie wurde dank der Automatik sogar etwas langsamer, 10,5 statt 10 Sekunden. Viel wichtiger war da die kultiviertere Kraftentfaltung. Dies alles entsprach nun uneingeschränkt dem Charakter eines Top-Fahrzeuges. Alle 350er und 450er waren auf Wunsch mit Sperrdifferential lieferbar.

Den US-Markt im Visier: Die große Fläche der Breitbandscheinwerfer hat den Designern bei der Abstimmung auf US-Normen vermutlich viel Mühe gemacht

450 SEL (1973 – 1980)

Dies ist die eigentliche Langversion. Nicht, weil sie als erste ins Programm genommen wurde, kam sie auf die so erstaunliche Stückzahl von 59 578 Einheiten – der „kurze" 450 SE blieb bei 41 604 stehen –, sondern weil der Komfort des großen V8-Motors am besten zum Auto mit Chauffeur paßte. Die Zahl derer, die die Preisdifferenz zum 280 SEL von knapp 10 000,– DM überhaupt nicht interessierte, war doch groß genug. Unter ihnen vermutlich viele, die den Wagen gestellt bekamen, von den Regierungen ihrer Heimatländer oder der Firmenleitung. In den Chefetagen des diplomatischen Dienstes des In- und Auslandes hatte sich dieser Wagen etabliert. In einigen Fällenwird das Werk sicher nicht auf dem vollen Kaufpreis bestanden haben – anfangs 45 800,– DM, zuletzt 51 100,– DM –, denn imagefördernd war es für Untertürkheim allemal, wenn die noble Welt auch rein dienstlich mit dem Stern am Kühlergrill fuhr.

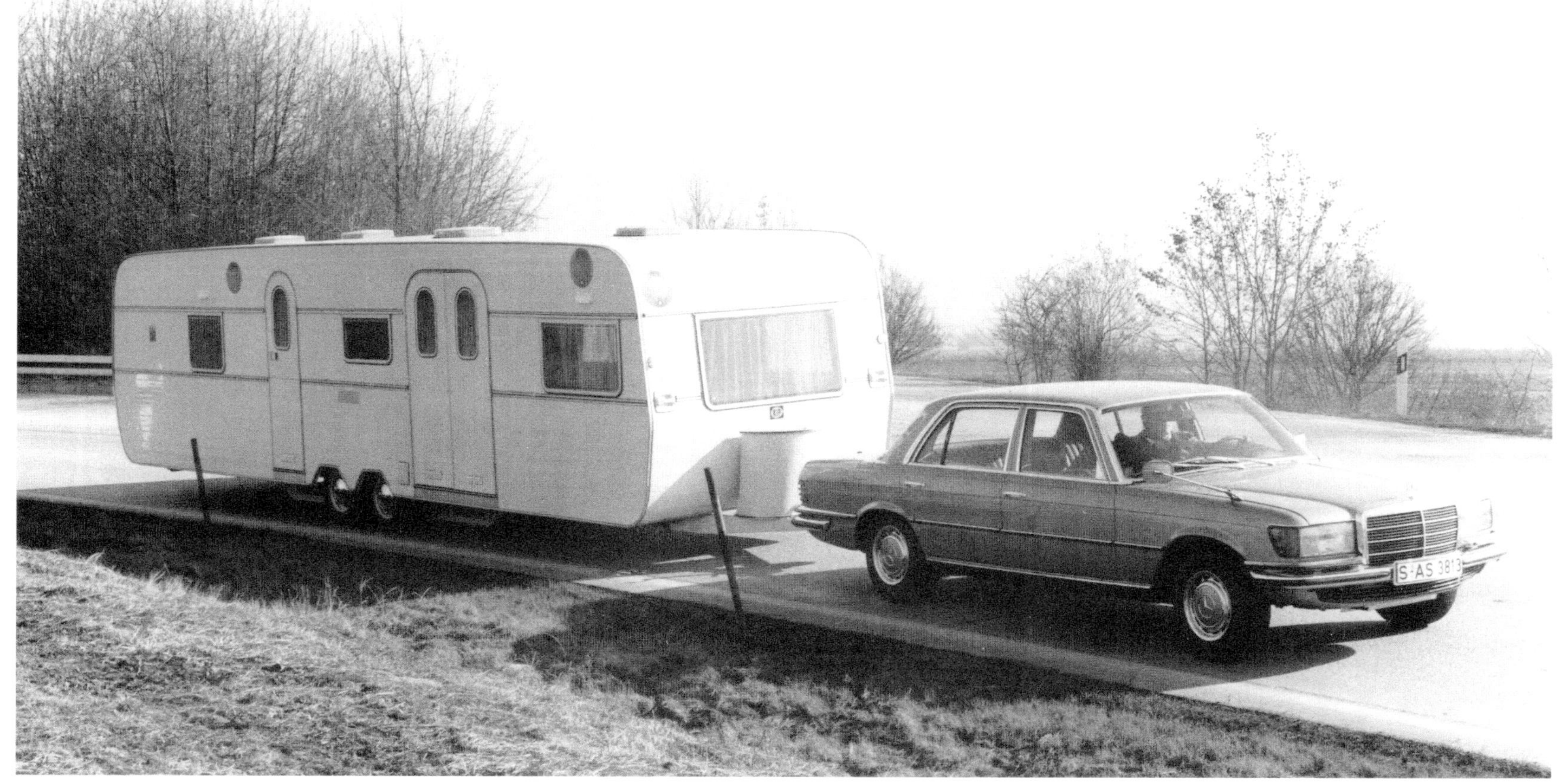

Ein rares Gespann: der Wohnanhänger ist länger als der Mercedes. Das rollende Apartment stammt von Dethleffs

450 SEL 6,9 (1975 – 1980)

Für 70 000,– DM war der Traumwagen sicher Autoenthusiasten zu haben, zwei Drittel des Preises des billigsten Rolls-Royce, und natürlich auch des Mercedes 600, die 1975 stolze 117 000,– DM beziehungsweise 110 000,– DM kosteten. Eine Faustregel für die damalige Kaufkraft: Ein Rolls-Royce kostete immerhin soviel wie ein respektables Einfamilienhaus. Der 450 SEL 6,9 zielte also auf eine sehr wohlhabende, aber nicht auf die superreiche Klientel.

Die Armaturen der seinerzeit schnellsten Limousine der Welt, des 6.9

Noch einmal wurde der M 100 aus dem Mercedes 600 einer Hubraumvergrößerung unterzogen, die Bohrung war dabei um vier Millimeter gewachsen. 286 PS gab der Wagen nun ab bei 4250/min, das maximale Drehmoment lag bei gewaltigen 56 mkg! Auf 225 km/h brachte der Motor das knapp zwei Tonnen schwere Gefährt, der um 155 Kilogramm leichtere Vorgänger bei kleinerem Hubraum und um 36 PS geringerer Leistung war mit 221 km/h fast genauso schnell. Das Sperrdifferential gehörte beim 450 SEL 6,9 zur Serie. Die hydropneumatische Federung war allein diesem Wagen vorbehalten.

Die Innenausstattung zeigte sich gegenüber dem 450 SEL um folgende Punkte angereichert (in den anderen Modellen Wunschausrüstung): Klimaanlage, wärmedämmendes Glas, Drehzahlmesser, Kopfstützen und Automatiksicherheitsgurte hinten, Niveauregulierung und Zentralverriegelung. Aufpreispflichtig blieben so spezielle Dinge wie Feuerlöscher, Leichtmetallfelgen, Sitzheizung und orthopädische Sitze, aber auch die elementaren Neuerungen Klimaautomatik und Antiblockiersystem. Der 6,9 war das erste mit ABS lieferbare Auto. Mit Bosch zusammen hatte Mercedes das System entwickelt, deshalb blieb dem Hause Daimler-Benz auch die Premiere dieses technischen Fortschritts vorbehalten. Die Werbewirksamkeit dieses vierrädrigen Imageträgers war enorm. „auto motor und sport" drückte es schon in der Überschrift eines Testberichtes klipp und klar aus: „Das beste Auto der Welt". 7380 Stück wurden gebaut, 1816 davon gingen übrigens in die USA.

Imposante Heckansicht: gleich wird der 450 SEL 6.9 den Blicken der Betrachter entschwunden sein. Man spürt die Kraft der 286 PS

300 SD (1978 – 1980)

Nur 14 Liter Diesel auf 100 Kilometer verbrauchte dieser sparsamste Wagen der Baureihe. Er war für den US-Markt bestimmt, wo nach der Ölkrise von 1973 der ökonomische Selbstzünder ein erstes Hoch erlebte.

In 17 Sekunden spurtete der Wagen von 0 auf 100 km/h, die Endgeschwindigkeit war 165 km/h. Um amerikanischen Fahr- und Komfortgewohnheiten gerecht zu werden, hatte der 300 SD eine zusätzliche Bremsnickabstützung. 28 634 Fahrzeuge gingen in den drei Produktionsjahren über den großen Teich.

Dritte Generation: W 126

Zwei Dinge hatten sich grundlegend geändert seit der Premiere der vorhergehenden S-Klasse im Jahre 1972: Der Ölpreisschock von 1973 – gerade zu dieser Zeit setzte die Entwicklung der dritten S-Klasse-Generation ein – hatte vor allem große und schwere Autos in einem anderen Licht erscheinen lassen, und die bis Anfang der 70er Jahre drastisch steigenden Zahlen der Unfalltoten hatten erstes Nachdenken über die Grenzen des Autofahrens und des Autos an sich ausgelöst. Mitte der 70er Jahre regten sich Initiativen für den Umweltschutz, sie hatten das Auto als einen der Verursacher sich immer deutlicher zeigender Umweltzerstörung schnell ausgemacht. Für Wagen der Oberklasse hatte all dies zur Folge, daß hoher Benzinverbrauch ebenso zunehmend kritisch gesehen wurde wie die Möglichkeit, hohe Geschwindigkeiten zu fahren. Der Benzinverbrauch störte weniger die Fahrzeugeigner als das zuschauende automobile „Fußvolk". Deshalb hieß die Devise nun bessere Fahrleistungen bei unveränderter Motorleistung, und das bei niedrigerem Verbrauch sowie höherer Gebrauchsnutzen bei abnehmender Umweltbelastung. Nicht nur um Benzin ging es dabei – aber ganz wesentlich, denn 1985 wurde der Katalysator eingeführt, ab 1. September 1986 war er Serie im gesamten Benziner-Programm –, sondern auch um sparsamere Materialverwendung. Autofahren sollte ein Stück vernünftiger werden. Mehr Komfort kam dabei dem Fahrer zugute. Das Prospektschlagwort dazu: Technologie der Entlastung. Zunehmende Antistimmung gegen bestimmte Gruppen ist immer auch von Neid getragen, so daß sich Mercedes-Fahrer, vor allem in der S-Klasse, verstärkt stiller oder offener Anfeindung in manchen Bevölkerungsgruppen gegenübersahen. In eine solche Zeit paßte das Styling der S-Klasse von 1972 nicht mehr hinein.

Bei Daimler-Benz sah man eine solche Entwicklung offenbar schon frühzeitig heraufdämmern und hat sie in der sechsjährigen Projektplanung berücksichtigt. Weil das Auto generell in die Kritik geriet, wollte man auch in Linienführung und Technik die Gegenargumente von vorneherein entkräften. Das führte zum Beispiel auf dem Lastwagensektor zu besonderen Stylingbemühungen, wie die Entwickler anläßlich der Präsentation der Baureihe LN im Jahre 1984 erläuterten.

Seiten 36 und 37: Die harmonische Linienführung des W 126 entstand erst, nachdem auch hier viel ausprobiert wurde

Die S-Klasse von 1979 stellte ähnlich der ersten Generation von 1965 wieder mehr die Funktion in den Mittelpunkt. Das verhalf ihr zu einer dezenteren, gleichwohl überzeugenden optischen Wirkung. Fließende, harmonische Linien bis ins Detail, keine äußerlichen Effekte. Vor allem die Frontpartie wurde „entschlackt", gab sich bescheidener. Der charakteristische Mercedes-Grill endete jetzt in Höhe der Stoßstangenoberkante, was ihn niedriger erscheinen ließ. Die weiterhin in der Mitte herausgebildete Motorhaube mündete nun spitzer in den Grill, die neu gestalteten Scheinwerfer traten in ihrer optischen Wirkung stärker zurück. Die Breitbandlampen schlossen nicht mehr zum Grill auf, vielmehr hielt die Motorhaube den Grill optisch fest und legte einen Zwischenraum zwischen ihn und die Lampen. Insgesamt waren die Lampen kleiner geworden und harmonierten viel besser mit den seitlich angebrachten Blinklichtern. Front- und Heckscheibe waren stärker geneigt, der Wagen um unwesentliche 5 Millimeter höher, aber um 50 Millimeter schmaler geworden trotz größerer Spurweite.

Statt der Chromleisten zwischen den Radhäusern bestimmten jetzt dicke Schaumstoffblenden die Seitenansicht, nach oben abgesetzt durch eine unauffällige, dünne Chromleiste, die wie bisher bis in die Front geführt war. Die Blenden dienten gleichzeitig als Prallschutz, verhinderten teure Schäden bei kleinen Karambolagen. Stilistisch sind sie wohl der einzige Punkt, der die Harmonie etwas stören kann, wenn auch solche Beurteilungen letztlich immer Geschmackssache sind. Im Trend, nur wenig Chromschmuck zu verwenden, lag auch die zurückhaltende Gestaltung der Radkappen. Die neu geformten Stoßstangen waren jetzt dunkel gehalten. Die Heckpartie – der des Vorgängers sehr ähnlich – überzeugte durch die klare Gliederung. Der Wagen wirkte ausgesprochen elegant. Die Frontgestaltung, die niedrigere Neigung von Front- und Heckscheibe sowie die zugunsten des Fahrgastraumes veränderten Proportionen waren hierfür verantwortlich.

Mercedes erreichte mit der neuen Karosserie einen für das Ende der siebziger Jahre hervorragenden Luftwiderstandsbeiwert von cw = 0,35. Das war um 14 Prozent besser als beim Vorgänger. Daran hatten die neuen Radkappen und in Ruhestellung versenkte Scheibenwischer ihren Anteil, besonders aber die tief unter das Fahrzeug gezogenen Stoßfängerschürzen vorn. Erstmals wurde aus Gründen des Luftwiderstandes konkrete Detailarbeit geleistet: Die Außenspiegel wurden abgeändert und die Regenrinnen verkleinert (aber nicht abgeschafft, wie bei anderen Firmen in späteren Jahren zum Unwillen der Fahrzeugnutzer). Der Radstand war um 70 Millimeter gewachsen, die Gesamtlänge nur um 35.

Motor

Mit zwei von den Daten her nahezu unveränderten und zwei weiterentwickelten Motoren begann die Laufbahn der dritten S-Klasse-Generation. Die aus dem Jahre 1972 stammende Maschine M 110 mit Vergaser (280 S) und Einspritzanlage (280 SE) sowie der Dieselmotor OM 617 (300 SD Turbodiesel für den USA-Markt) hatten praktisch keine Veränderungen erfahren, sieht man von der leicht erhöhten Kühlwassermenge beim M 110 und der um 10 PS erhöhten Motorleistung beim Diesel ab. Etwas anders war es bei den Motoren M 116 (380 SE) und M 117 (500 SE). Sie hatten mehr Hubraum bekommen, und zwar durch vergrößerten Hub beim kleineren und erweiterte Bohrung beim größeren Typ 218 (plus 18) und 245 (plus 15) PS leisteten die Maschinen zunächst und brachten den um 80 Kilogramm leichter gewordenen Wagen auf eine Endgeschwindigkeit von 215 (plus 10) bzw. 225 km/h (plus 15). Die Gewichtsreduzierung ging sowohl auf das Konto der Karosserie wie auch auf das der Achtzylindermotoren. Weiterentwicklungen gab es bei der Transistorzündung, eine geänderte Gemischaufbereitung im Leerlauf kam bei den Vergasermotoren zum Einsatz

Der W 126 aus der ersten Generation, erkennbar vor allem an der Flächenaufteilung der Rammschutzleiste

und bei den Einspritzern eine Schubabschaltung. Sie gehörte zur Feinarbeit im Rahmen eines speziellen Energiekonzeptes, wurde 1981 vorgestellt und ließ den Verbrauch aller Fahrzeuge noch einmal sinken.

Was die Daten der V8-Motoren nicht verraten: Die Gewichtsreduzierung wurde auch mit gezielten Innovationen auf dem Motorensektor erreicht. Leichtmetall gab es nun auch für das Zylindergehäuse und andere Teile, während bis dahin nur die Zylinderköpfe aus solchem Material gefertigt waren. 50 Kilogramm war beispielsweise die 5-Liter-Maschine leichter als der 4,5-Liter-Graugußmotor. Auf den Verbrauch wirkte sich dies aber direkt nicht so stark aus wie erhofft, so daß es bereits im Herbst 1981 im Rahmen des Energiesparkonzeptes zu ersten Eingriffen an den V8-Motoren kam. Deren Leistungen wurden auf 204 beziehungsweise 231 PS reduziert. Die erreichten Werte lagen damit in etwa auf dem Stand des Vorgängers. Beim 380 SE wurden auch die Zylinderabmessungen verändert (weniger Bohrung, mehr Hub). Diese Modifikationen ließen den Verbrauch nun deutlich, nämlich um zwei Liter, unter den des Vorgängers rutschen (17 Liter auf 100 Kilometer statt 19 Liter bei der alten Baureihe).

Eine grundlegende Neuordnung der Motorisierung der Baureihe gab es 1985. Die Vergaser-Version entfiel, „kleinstes" Modell war nun der 260 SE. Damit waren nur noch Einspritzmotoren im Programm. Die völlig neuen Sechszylinder des Typs M 103 mit 2,6 und 3 Litern Hubraum waren für die S-Klasse und die mittlere Baureihe entwickelt und dort bereits ein Jahr zuvor eingeführt worden. Diese neue Motorenfamilie erwies sich als großer Wurf: Ihre Laufruhe in allen Drehzahlbereichen wurde von Eignern wie von Testern gleichermaßen gelobt. Nicht wenige waren der Meinung, daß die sechs Zylinder in Reihe in diesem Fall jeden Achtzylinder überflüssig machten. Eine digitale Motorelektronik, die für jeden Betriebszustand Kraftstoffmenge und Zündzeitpunkt optimal berechnet, kennzeichneten den Motor. Respektable Fahrleistungen auch in der schweren S-Limousine waren das Ergebnis. Der 300 SE mit 188 PS (260 SE 166 PS) schaffte als Endgeschwindigkeit 210 km/h (205) und

Das Herz des 260 SE. 160 PS schlummern hier bei demontierter Haube

eine Beschleunigung von 0 auf 100 in 10 (11) Sekunden. Das maximale Drehmoment lag beim 300 SE bei 25,5 mkg bei 4400/min (22,8 mkg bei 4600/min.).

Die V8-Motoren hatten nun ebenfalls mehr Hub zu bieten, und es gab sie nun in drei Ausführungen: für den 420 SE, den 500 SE und den 560 SEL. Die nominellen Leistungen von 420 SE und 500 SE änderten sich kaum gegenüber den bisherigen Versionen, wohl aber die Motorcharakteristik. Auch die kleinere der beiden Maschinen war nun durchzugsstärker in unteren Drehzahlbereichen. Der 500 SE erhielt entsprechend dem neuen Spitzenmodell 560 SE ganz neue Zylinderköpfe mit größeren Einlaßventilen und ein geändertes Ansaugsystem. Alle Modelle verfügten über eine KE-Jetronic wie die Sechszylinder. Schließlich kennzeichnete die Motoren von 1985 die Einführung des Dreiwege-Katalysators mit Lambda-Sonde (Aufpreis zwischen 2052,– und 2394,– DM). Der Leistungsverlust lag dabei zwischen sieben und zehn Prozent. Der Wagen wurde auf Wunsch mit Kat geliefert oder als Rückrüstversion für eine spätere Umrüstung vorbereitet. Für zwei Jahre gab es auch eine als schadstoffarm eingestufte ECE-Version. Seinerzeit war in Europa an eine flächendeckende Versorgung mit bleifreiem Benzin noch nicht zu denken. Außerdem konnten die V8-

Schöne Technik:
Die Maschine des 560 SEL

Mercedes jetzt auch mit Normalbenzin gefahren werden. Dazu mußte ein Stecker im Motorraum umgesteckt werden, um das der Kraftstoffqualität entsprechende Zündkennfeld einzuschalten. 1987 erhielten alle Achtzylinder eine neuerliche Leistungsspritze (420 SE/218 PS, 500 SE/252 PS, 560 SE/272 PS) bei auf 10:1 erhöhter Verdichtung und optimierter Zündung. Das etwas umständliche Umstecken für die Wahl des Kraftstoffes entfiel hierbei. Die PS-Zahl der Rückrüstversion kletterte auf 300, exakt die Zahl des neuen Mitbewerbers, des BMW 750i.

Getriebe

Einen feinen Klassenunterschied machten die Produktplaner zwischen den Sechszylindern und den Achtzylindern auf dem Gebiet der Kraftübertragung: Die V8-Modelle gab es in Serie nur mit Automatikgetriebe – Handschaltung auf Wunsch. Den Sechszylindern blieb das handgeschaltete Getriebe als Basis, hier gab es die Automatik auf Wunsch (bei der Einführung für einen Aufpreis von exakt 1943,60 DM). Im Streben nach weiterer Verbrauchsreduzierung waren die Daimler-Benz-Ingenieure vom handgeschalteten – und deshalb vom Fahrer möglicherweise nicht optimal eingesetzten – Getriebe ein gutes Stück abgerückt. Die neue Automatik hatte einen Wählbereich mehr als die bisherige, es standen nun also vier Stufen zur Verfügung. Im Prinzip blieb es bei der vertrauten Technik, hydraulischer Wandler als Kupplung und ein Planetengetriebe. Mit vier Gangbereichen sollte noch besser die jeweils ideale Übersetzung bereitgestellt werden. Die Entwickler sprachen von „verbrauchsoptimalen Drehzahlbereichen", auf die die Automatik nun abgestimmt war. So stand das Getriebe im Leerlauf stets im niedrigen Drehzahlbereich des zweiten Gangs, beim Berühren des Gaspedals schaltete es auf den ersten Gang zurück, um das volle Drehmoment zur Verfügung zu stellen. Position D sorgte dafür, daß ideal früh in den nächst höheren Gang geschaltet wurde. Einen bedeutenden Schritt nach vorn war das Automatik-Getriebe aus dem Jahre 1985: Es enthielt zwei Programme, S stand für sportliches, E für kraftstoffsparendes Fahren. Durch einen Schiebeschalter wurden die Programme angewählt. Auf Wunsch gab es den Tempomat, oberhalb von 40 km/h hielt er jede eingestellte Geschwindigkeit bei.

Daß der Verbrauch der handgeschalteten Autos bei konstanter Geschwindigkeit um etwa zwei Liter niedriger war als bei den Automatikversionen, spielte insofern keine Rolle, als solche Rechnungen nicht die Alltagspraxis einbeziehen (und die Gedankenlosigkeit der Fahrer, trotz neu installierten Econometers). Das Angebot der handgeschalteten Getriebe wurde zwei Jahre nach der Premiere um eine Fünfgang-Variante erweitert, der fünfte Gang war dabei als Spargang ausgelegt.

Fahrwerk

Wenig Arbeit hatte die Entwicklungsabteilung mit dem Fahrwerk. Es hatte beim Vorgänger bereits einen hohen Standard erreicht, Verbesserungen hier hätten sich auf das Ziel der Verbrauchsminimierung kaum ausgewirkt. Man beschränkte sich daher auf leichte Modifikationen bei der Vorderradaufhängung. Vergrößerte Spurbreite und verlängerter Radstand erhöhten den Komfort. Die Niveauregulierung im Spitzenmodell erhielt 1985 mit Einführung des 560 SEL individuell einstellbare Stoßdämpfer. Die Servolenkung war gegenüber der vorherigen Baureihe etwas direkter ausgelegt.

Die vorderen Scheibenbremsen waren größer dimensioniert, die Beläge hielten länger. ABS gab es in dieser Modellreihe von Anfang an, zunächst ausschließlich auf Wunsch, ab 1985 für die großen Modelle 420 bis 560 als Serienausstattung. Ab dem selben Zeitpunkt bekamen alle Modelle 15-Zoll-Räder und erneut größer dimensionierte Bremsen.

Auf dem Genfer Salon 1987 stellte Mercedes zwei neue elektronische Komponenten eines sicheren Fahrwerks vor: das automatische Sperrdifferential (ASD) mit bis zu 100 Prozent Sperrwirkung und die Anti-Schlupfregelung (ASR), beides als Option angeboten. Neben dem ABS und zusammen mit der ebenfalls in Genf 1987 vorgestellten 4-Matic für die mittlere Baureihe waren dies zwei weitere elektronisch gesteuerte Fahrhilfen. ASR und die – übrigens am Markt erfolglose – 4-Matic waren die Antwort von Daimler-Benz auf die Allradwelle der Konkurrenz.

Testfahrer müßte man sein. Hier wird ein W 126 mit hohem Tempo über die Doppelsprungplatte der Teststrecke geschickt

Ausstattung

Drei Rundinstrumente prägten weiterhin das Armaturenbrett. Auch die Aufteilung war nicht verändert worden, neben dem Tachometer waren links die Anzeigen für Öldruck, Tankinhalt sowie Kühlwassertemperatur untergebracht, ebenso eine Kraftstoffverbrauchsanzeige. Vielleicht ein bißchen viel für ein einziges Rundinstrument, die ideale Gestaltung mag hier vor der idealen Ablesbarkeit rangiert haben. Rechts neben dem Tacho wieder die Uhr, in den großvolumigen Modellen der Drehzahlmesser. Immerhin verzichtete Mercedes auch jetzt auf die bei der bayrischen Konkurrenz als chic geltende Check-Control-Einrichtung mit einer Fülle meist verzichtbarer Informationen. Das Sicherheitslenkrad mit dem verformbaren Kranz und dem darunterliegenden Pralltopf war mit demselben Kunstleder überzogen wie die Auflage des Armaturenbrettes. Diese war weiterentwickelt und wies noch mehr Prallfläche auf als bisher. Zwischen dem Kunststoffwulst am unteren Ende des Armaturenbrettes und der Auflage war in der Mitte und auf der Beifahrerseite eine holzverkleidete Fläche. Sie fiel jetzt kleiner aus als beim Vorgänger. Auch die Mittelkonsole trug in Höhe des Schalthebels und um die Instrumente an der Stirnseite Edelholz.

Die Sitze galten als besonders komfortabel. Zur Serie gehörte eine aufwendig hergestellte Polsterauflage, Leder oder Velours gab es auf Wunsch. Von Anfang an war der Fahrersitz – und auf Wunsch der Beifahrersitz – in der Höhe verstellbar. Für die Frontsitze stand eine elektrische Sitzverstellung auf der Liste der Extras (bei allen SEL-Typen gab es das auch für die hintere Sitzbank). Die vorderen Gurte ließen sich in der Höhe verstellen, die Gurtschlösser waren am Sitz angebracht und drückten damit den neuesten Stand der Bemühungen um passive Sicherheit aus. Sowohl Heizung/Lüftung wie die Klimaanlage waren, wie bei Mercedes üblich, für die rechte und linke Seite individuell einstellbar. Die beiden vorderen Türen waren in das System eingeschlossen. Sämtliche Bedienungsknöpfe für diese Ausstattungsfeinheiten lagen in der Mittelkonsole. Zentralverriegelung einschließlich Kofferraum und Tankschloß gehörten von Anfang an zur Serie.

Aufgeräumt und gediegen ist das Armaturenbrett. Dieses Exemplar aus später Produktion hat bereits Airbag auch für den Beifahrersitz eingebaut

Gurtanlegesymbol, Leuchte, Heizungs-Temperaturfühler, Schiebedachschalter

Scheinwerferwischer, Klimaanlage, Klimaautomatik, Tempomat, Sitzheizung für alle Sitze, in der Höhe verstellbare orthopädische Lehnen waren als Extras für die ersten Modelle lieferbar. Zum Teil flossen solche Attribute bei den teureren Wagen später in die Serie ein, die Zentralverriegelung fand man beispielsweise im 500 SEL von Anfang an. Ab 1985 kam die Memory-Schaltung für die Vordersitze hinzu, ein Sonderwunsch, dessen Erfüllung besonderen Komfort bedeutete: Der einmal eingestellte Sitz fiel bei Belastung von selbst in die als bequem eingespeicherte Position. Für den 500 SEL gab es die Coupé-Sitzanlage mit Einzelsitzen als Sonderwunsch.

In der Instrumentierung kam bei allen Modellen das Blinksymbol hinzu, das zum Anlegen der Sicherheitsgurte auffordert. Die Gurte erhielten zusätzlich Gurtstraffer (Oktober 1984). Der Airbag, ein besonders effektives Sicherheitselement, war serienreif und wurde ab 1981 auf Wunsch, zunächst nur auf der Fahrerseite, eingebaut. Nicht nur im Stand der Technik, sondern auch im konstruktiv sauber gelösten Detail wollte das Werk eben seine Spitzenstellung dokumentieren.

TYPEN UND MODELLE

280 S (1979 – 1985)

Von einem Basismodell zu sprechen, würde dem Wagen nicht gerecht. Auch in dieser Baureihe unterschied sich die preiswerteste Ausführung – anfangs 37 800,– DM – von der nächst teureren nur durch die Einspritzanlage des Motors. Von den Verkaufszahlen her wurde der S dennoch eine Art Aschenputtel. Allerdings völlig zu Unrecht, denn außer dem prestigeträchtigen Schriftzug des SE auf der Kofferraumklappe hatte er im Aussehen und in der Innenausstattung nichts weniger vorzuweisen als dieser. Fast gleiche Fahrleistungen und eine von Kennern gelobte Harmonie zwischen Antriebsaggregat und Fahrwerk machten den S zu einem sehr guten

Auto. Aber nur 42 996 Käufer entschieden sich in sechs Jahren für das Einsteigermodell der S-Klasse. Es spielte wie schon der 280 S der alten Baureihe die Rolle des „Kolonialmodells". Eindrucksvoll übrigens die Preisgestaltung: In fünf Jahren wurde der 280 S um exakt 11 000,– DM teurer, das entspricht genau 29,1 Prozent. So viel kostete 1979 ein einfacher VW Golf!

280 SE (1979 – 1985)

210 km/h statt 200 km/h als Höchstgeschwindigkeit und zehn Sekunden statt elf Sekunden von 0 bis 100 km/h bei einem Plus von 29 PS unterschieden den SE in reinen Zahlen vom S-Modell. Freilich lag das maximale Drehmoment höher, das Spurtverhalten wird den Besitzern Freude gemacht haben, der Prestigewert natürlich auch. Genau 3000,– DM war der SE anfangs teurer als der S, am Schluß waren es schon 3900,– DM. Die Verkaufszahlen sprechen für sich: 133 955 Exemplare liefen vom Band. In diesem Maße hatte sich der SE bisher gegenüber dem S-Modell nicht durchgesetzt, beim Vorgänger war der Unterschied mit rund 122 000 zu 150 000 (SE) Einheiten weit geringer.

Das Einpressen der Windschutzscheibe mit modernem Werkzeug, dessen korrekte Einstellung von zwei Arbeitern überwacht wird

280 SEL (1979 – 1985)

Als „kleinster" SEL hatte dieser Wagen relativ geringe Bedeutung. Wie schon vorher konzentrierte sich das Interesse potentieller Kunden mehr auf die größeren Maschinen in Zusammenhang mit der Langversion. Die Verlängerung des Radstandes betrug jetzt nicht mehr zehn, sondern 14 Zentimeter. 20 655 Stück wurden immerhin verkauft.

380 SE (1979 – 1985)

Mit einer Hubraumvergrößerung fanden sich die Achtzylinder in der neuen Baureihe wieder. Zunächst war die Bohrung bei unverändertem Hub leicht angeboten worden, bei der Überarbeitung 1981 wurden dann beide Werte noch einmal zugunsten des Hubs kräftig verändert, jetzt bei verkleinerter Bohrung – Langhuber gelten schließlich als durchzugsstark. Größter Fortschritt dieser Aktion war der um 1,5 Liter auf 17 Liter verminderte Verbrauch. 58 239 Käufer entschieden sich für den mittleren SE, auch vom Zuspruch her bildete er deutlich die Mittellage des Programms. Ob hier Prestigestreben den Ausschlag gab? Der Preis spricht dafür: Mit 46 700,– DM war der Wagen 5900,– DM teurer als der 280 SE, aber nur um 4000,– DM billiger als der große SE. Wer also rechnete – und das tun Mercedes-Kunden ja durchaus –, mag sich gesagt haben: wenn schon Achtzylinder, dann den 500 SE.

300 SD (1979 – 1985)

Die Marktlücke für Turbo-Diesel in Amerika war weiterhin rentabel, der Motor hatte jetzt 10 PS mehr als beim Vorgänger. Verkauft wurden 78 724 Stück, allein bestimmt für die USA.

Auch das Auto braucht die Bahn: Verladung im Werk Sindelfingen

300 SDL (1985 – 1987)

Logisch war die ausschließliche Verwendung der Langversion und die Streichung des Normalradstandes bei einem so exklusiven Auto durchaus, auch wenn es von einem Dieselmotor angetrieben wird. Der Dieselboom aber ebbte ab, die Verkaufszahlen sanken, 13 830 Stück wurden noch produziert. In den USA hieß das Auto exakt 300 SDL Turbo Sedan. Die typischen US-Stoßstangen, die ja alle dorthin exportierten Wagen haben mußten, wirkten bei den Mercedes-Limousinen nicht so martialisch wie bei anderen Wagen, wenn sie auch auf den ersten Blick das Bestimmungsland deutlich machten.

380 SEL (1979 – 1985)

Auch dieser SEL war in der Regel noch nicht der „Richtige". 25 157 Kunden wählten ihn dennoch. Vielleicht als Dienstwagen für den stellvertretenden Direktor oder den Staatssekretär, während das Topmodell der Nummer eins des Hauses vorbehalten blieb.

500 SE (1979 – 1991)

Mercedes for Britain. Ein Foto aus der Pressemappe für die Birmingham Motor Show

Mit der Ziffer 500 in der Typenbezeichnung machte er sich viel besser als sein Vorgänger. Hier allerdings zeigte sich, daß in diesen Prestige-Regionen der SE an sich nicht mehr viel zählt, sondern die Langversion der Maßstab ist. Mit nur 21 748 Exemplaren bis 1985 wurde der 500 SE trotz des weiterentwickelten Motors und trotz der prestigeverheißenden Zahlen-/Buchstabenkombination das am schlechtesten verkaufte Auto der S-Klasse mit einfachem Radstand. Bis 1988 stieg deren Stückzahl auf 29 672 an. In dieser Kategorie läßt man sich offenbar häufiger fahren als daß man selbst ins Steuer greift, und der Aufpreis des SEL gegenüber dem SE, zu Beginn jene 5500,– DM, fielen dort nicht ins Gewicht, wo Behörden und Firmen ohnehin Rabatte bekommen, damit sie der Welt zeigen, wie verbreitet der größte Mercedes ist. Immerhin blieben die beiden 500er dem Programm erhalten, während die anderen zur IAA 1985 in neue Typen einmündeten.

500 SEL (1979 – 1991)

So viele wie von den beiden anderen Langversionen zusammen, nämlich 56 770, liefen vom Star der Baureihe bis 1985 vom Band, so lange auch die 280 SEL und 380 SEL mit von der Partie waren. Bis 1989 waren es schon 66 612 Stück. Immerhin war 1985 mit dem 560 SEL eine neue Krönung ins Programm genommen worden. Die Überarbeitung der Motoren erfolgte auch bei diesem Achtzylinder. Der Preis des 500 SEL kletterte von 56 200,– DM zu Beginn über 76 200,– DM im Jahre 1985 bis auf 97 869,– DM 1990, ein Plus von 41 700,– DM in elf Jahren – stattlich, trotz aller Weiterentwicklung. Da konnte man Behörden und guten Kunden sehr wohl Rabatte einräumen. Natürlich war das Auto ein Spitzenprodukt, in vielerlei Hinsicht das Optimum des Erreichbaren. Nur wenige Dinge wie Klimaanlage oder elektrisch einstellbare Fondsitzbank unterschieden den Wagen in der Ausstattung vom 560 SEL.

Für das Motto „Fahre und arbeite" hat sich Mercedes viel ausgedacht

260 SE (1985 – 1991)

Äußerlich an der glattflächigen Karosserieverkleidung an den Seiten sowie an der wuchtiger wirkenden Bugunterseite erkennbar – wie alle Wagen der überarbeiteten Serie –, brachte diese Variante den seit einem Jahr von der mittleren Baureihe her bekannten Einspritz-Sechszylinder in die Oberklasse. Das Auto ersetzte den 280 S, das bisherige Einsteigermodell, und kostete mit 53 200,– DM gleich 4400,– DM mehr als dieses. Nur 18 652 Stück wurden bis 1989 hergestellt; ähnlich dem 280 S führte auch dieser Wagen eine Art Schattendasein, im Verkaufserfolg unterboten nur noch vom 420 SE. Vom 300 SE wurden im selben Zeitraum drei- bis viermal so viele Wagen produziert. Die Vermutung liegt nahe, daß auch hier die magische Zahl auf dem Kofferraumdeckel ihre Rolle spielte. Die Ausstattung entsprach im wesentlichen der der gesamten Baureihe, wie beim 300 SE waren allerdings zwei wichtige Attribute nur als Sonderwunsch lieferbar: die elektrisch verstellbare Lenksäule und die elektrisch verstellbaren Sitze, jeweils mit und ohne Memory-Schaltung. Beide Memory-Schaltungen hatte allein der 560 SEL. Zur Serie gehörte dagegen das Antiblockier-System. Wer aber wollte, konnte sich seinen 260 bis auf wenige Details so ausstatten wie einen 560 SEL.

300 SE (1985 – 1991)

Der große Bruder kam schon allein auf Grund der stolzen 300 auf dem Typenschild stattlicher daher. Ansonsten handelte es sich um dasselbe Auto, die Leistungsunterschiede fielen kaum ins Gewicht, der Preisunterschied mit anfangs 4400,– DM dagegen durchaus. In der mittleren Baureihe kostete der größere Motor übrigens 4000,– DM weniger an Aufpreis. In den Stückzahlen kam der 260 E etwa auf die Hälfte der Exemplare des 300 E.

Gegenüber dem abgelösten 280 SE war der 300 SE um 4900,– DM teurer. Der Sechszylindermotor war wie der kleinere im Jahre 1984 in der mittleren Baureihe eingeführt worden. 59 101 Exemplare wurden bis 1988 produziert.

300 SEL (1985 – 1991)

Auf rege Nachfrage stieß die am schwächsten, gleichwohl keineswegs schwach motorisierte Langversion: 21 766 Stück wurden bis 1988 verkauft, womit der Wagen hinter dem 420 SEL den zweitbesten Erfolg erreichte. Vom 260 gab es wohlweislich keine Langversion.

Stilistisch über Jahre zu überzeugen, war ein Kennzeichen der Baureihe W 126, hier ein Exemplar nach der Überarbeitung 1985

420 SE (1985 – 1991)

Durch mehr Hub vergrößert war der Zylinderinhalt der überarbeiteten kleinsten Achtzylinderversion. Ziel war dabei, die durch den Kat eingebüßte Leistung zu kompensieren. Gleich um 7000,– DM war der Preis angehoben worden, immerhin bei 70 700,– DM war der 420 SE damit angelangt. Bis 1988 liefen nur 6763 Stück vom Band, ein klarer Beweis dafür, daß in dieser Klasse allein die prestigeträchtige Langversion zählte.

Vornehmer als sein Vorgänger kommt der W 126 daher, obwohl die typische Frontgestaltung beibehalten wurde

420 SEL (1985 – 1991)

Zwei Jahre lang war er der König der Baureihe, was die Verkäufe angeht: Mit 19 238 im Jahre 1987 und 18 623 Exemplaren ein Jahr darauf erreichte der 420 SEL die höchste Zahl aller S-Klassen-Modelle. 62 897 Stück wurden es bis 1988, aber jenes Jahr brachte zugleich einen deutlichen Einbruch bei diesem Modell, der erste Platz gebührte da dem 300 SE. 74 385,– DM kostete der SEL, deutlich Abstand haltend zum 500 SEL (83 900,– DM) und zum 560 SEL (121 400,– DM). Für einen großen Interessentenkreis stellte er die goldene Mitte der vier Langversionen dar, die in Leistungen und Komfort ohnehin keine großen Unterschiede boten.

560 SEL (1985 – 1991)

Nur wenige Punkte standen bei 300 SEL und 420 SEL im Prospekt unter der Rubrik „Auf Wunsch“. Fast alle diese schönen Dinge waren beim absoluten Spitzenmodell mit im stattlichen Preis von gut 120 000 Mark enthalten. So der Tempomat, die in Längsrichtung elektrisch verstellbare Lenksäule mit Memory-Schaltung, die geschmiedeten Leichtmetallräder der Felgengröße 7J × 15 H2, das elektrisch betätigte Hubschiebedach.

So bleibt der 560 SEL in Erinnerung: Auf der Überholspur

die Ausstiegsleuchten in allen vier Türen, die elektrische Sitzverstellung, auch hinten, und die Klimaanlage. Ein paar Dinge waren im 560 SEL exklusiv, auch gegen Aufpreis in den anderen Wagen nicht zu haben. So etwa die Fondausstattung (eine zweite Leseleuchte, Zigarrenanzünder), aber auch andere Ausstattungsdetails wie den beheizbaren Außenspiegel, die Scheinwerfer-Reinigungsanlage. Das feine Radio „Becker Mexico Electronic“ gehörte ebenfalls zur Serie. Wer so viel Geld auf den Tisch des Hauses blätterte, sollte eben keinen Wunsch mehr offen haben. Dennoch gab es auch beim 560 SEL eine kleine Wunschliste, Airbag, die Einbruch-Diebstahl-Warnanlage (EDW), die Niveauregulierung und das Ausgleichsgetriebe mit begrenztem Schlupf, im Bereich der Federung die Hydropneumatik mit Stoßdämpferverstellung sowie geschwindigkeitsabhängiger Absenkung des Fahrzeugs.

Hinter dem berühmten Schriftzug am Kofferraumdeckel verbargen sich folgende Spitzenwerte: 5547 ccm, 242 PS (ohne Kat 272 PS), eine Höchstgeschwindigkeit

Platz für eine komfortable Reise hatte der 560 SEL mehr als genug

von 235 km/h und eine Beschleunigung von 0 auf 100 km/h in 8 Sekunden, bei einem Wagengewicht von 1,9 Tonnen.

Die Produktionszahlen entwickelten sich prächtig, 58 400 Stück waren es bis 1989. Auffallend dabei der hohe Exportanteil von 60 bis 70 Prozent.

560 SE (1988 – 1991)

Noch ein Modell – und das kurz vor Toresschluß: In der gleichen Ausstattung, aber mit dem kurzen Radstand, erschien der 560 SE auf der Bildfläche. 1988 und 1989 wurden nur 914 Stück produziert.

Die Sitzanlage aus dem Coupé wurde auch in der Limousine verwendet

Vierte Generation: W 140

Eine neue S-Klasse ist nicht nur für Daimler-Benz ein Ereignis, sondern für die gesamte Automobilbranche. Das riesengroße Interesse, das einer solchen Premiere gilt, ist sowohl von Bewunderung und freudiger Erwartung wie auch von kritischer Wachsamkeit und dem geschulten Blick auf der Suche nach Schwachstellen genährt. In den ersten Stunden des großen Auftritts des W 140, am Pressetag auf dem Genfer Salon 1991, dürfte ein nicht geringer Teil der Besucher die Wagen in der Absicht untersucht haben, ob und wie weit der Stern den eigenen Produkten davonfahren kann. Nicht nur bei BMW und Jaguar, sondern auch bei Toyota, Nissan und Honda – wie bei jeder bedeutenden Autovorstellung nahmen fernöstliche „Spione" auch die neuen Mercedes sofort Zentimeter für Zentimeter unter die Lupe – hatte man die neue Generation der S-Klasse mit gemischten Gefühlen erwartet. Beobachter aus dem Hause Rolls-Royce wurden nicht gesichtet. Waren sie zu diskret oder kamen sie gar nicht? Rolls-Royce ist sicher nicht ein direkter Wettbewerber von Mercedes-Benz und nimmt mit seinen kleinen Stückzahlen ohnehin eine Sonderstellung auf dem Weltmarkt ein (rund 3500 Einheiten im Jahr), ein gutes Stück näher an die Übermarke aus England ist Mercedes mit dem 600 aber doch herangekommen, im Preis sogar auf zwei Drittel des billigsten Rolls. Und die Zahl 600 erinnert schließlich an spezielle Ansprüche eines Mercedes aus vergangenen Tagen.

Selbstverständlich begegnet man sich beim Messerundgang mit Respekt. BMW-Chef Eberhard von Kuenheim fand in Genf die elegante Formel: „Die neue S-Klasse zeigt, daß die Japaner noch einiges zu lernen haben." Ein Lob der Konkurrenz stärkt schließlich auch die eigene Position, denn mit dieser großartigen Konkurrenz nimmt man es schließlich auf.

Respekt war auch noch abseits des Mercedes-Stands zu hören, ganz leise vermischt mit einem „aber". Was den Mitbewerbern am neuen Superwagen zuerst anmahnenswert schien, war die Größe und das hohe Gewicht. 5,21 Meter an Länge, 1,88 Meter an Breite und 1,49 Meter an Höhe oder anders gesagt, 2190 Kilogramm (600 SEL) müssen erst einmal bewegt werden und bedeuten mehr als 20 Liter Verbrauch pro 100 Kilomter im ungünstigsten Falle. Mit der daraus gewonnenen Gewißheit, daß der neue Star es in den Scheinwerfern der Öffentlichkeit nicht leicht haben werde, gingen die Abgesandten der Konkurrenz wieder an die Arbeit, zurück auf den eigenen Stand.

Eine Marke wie Mercedes muß es sich zudem gefallen lassen, daß sich auch Anbieter aus ganz anderen automobilen Klassen um den neuen Star kümmern. Man will wissen, was in der Oberklasse neuer Stand der Technik ist und was eventuell auf die unteren Klassen zukommt. Beispiel: Auf dem selben Genfer Salon, dessen Star der W 140 war, führte Ford ABS für alle Modelle ein. Daimler-Benz kommt überdies nicht darum herum, daß seine Produkte von einer breiten Öffentlichkeit, auch von jener, die dem Auto kritisch gegenübersteht, beurteilt werden. Auch diese Erkenntnis gehört zum Ereignis.

Da stand er also, der in geschickter Werbung und gezielter Indiskretion schon so lange angekündigte Wagen. „Die neue S-Klasse" war bereits jedermann ein Begriff, als offizielle Pressefotos noch nicht aufgenommen und der Premierenprospekt noch nicht entworfen war. Der erste Eindruck, zwangsläufig subjektiv: Pompös ist der Wagen nicht, groß sieht er nicht aus, jedenfalls in dezenter Lackierung und in der „kurzen" Version. Und: Begeisterung auf den ersten Blick wie 1979 beim W 126 weckt das Styling des W 140 auch nicht. Man muß sich erst „hineinsehen". Wenn der direkte Vergleich mit vertrauten Dimensionen fehlt, glaubt man, einen modernisierten 124er vor sich zu haben. Erst das Platznehmen bringt Klarheit: Nur ein wenig bücken und man sitzt in einem großen Wagen auf höchst komfortablen Einzelsesseln. Der Blick schweift durch den Innenraum und erfaßt nun endlich die wahre Größe. Dieses Auto hat Platz.

Von der freien Zeichnung bis zur ernstzunehmenden Alternative: der W 140 auf dem Papier und im Modell 1:1

Styling

Platz, Komfort und High-Tech, so viel es nur geht, sollte der Wagen mit auf den Weg bekommen. Und das sollte von außen nicht ins Auge stechen. Diese schwierige Aufgabe hatte Chefdesigner Bruno Sacco mit seinem Team zu bewältigen. Es ist gelungen. Von den vorderen Stoßfängern bis zur Windschutzscheibe hat das Auto geradezu Sportwagencharakter. Die steil nach vorn fallende Motorhaube und die spitz zulaufende Frontpartie bewirken dies. Das ist an sich eine Gefahr für die Gestaltung einer repräsentativen Reiselimousine – der Übergang gelingt aber ohne Bruch. Die stark geneigte Windschutzscheibe bildet rein optisch, an der Motorhaube ansetzend, zusammen mit der gefühlvoll gezogenen Dachlinie und dem relativ sanften Übergang zum Kofferraumdeckel eine harmonische Einheit. Hinter der C-Säule wird die Linie durch die starke Neigung der Kofferraumklappe fortgeführt. Die problematische Fläche von der niedrigen Motorhaube zur viel Raum bietenden Fahrgastzelle hilft eine sanfte Erhebung in der Haube zu überbrücken, die oben die Lufteinlässe und unten, sich verjüngend, den neuen Kühlergrill vollständig umfaßt. Diese Kühlermaske, neben dem Stern das Erkennungszeichen der Mercedes-Limousinen, erfuhr eine radikale Veränderung. Die ehedem gediegen-wuchtige Chromeinfassung wurde auf einen feinen Rand reduziert, die vier waagerechten Felder verkleinert. Der Stern steht jetzt, etwas verloren, solo auf der Haube, möglicherweise ist dies der am meisten gewöhnungsbedürftige Punkt des ganzen Designs. Fast in SL-Manier ist die Maske nach unten verjüngt und liegt optisch auf den Stoßfängern auf, der zu diesem Zweck eine Vertiefung erhielt.

Die Scheinwerfer folgen innen der Linie der Kühlermaske. Unten ruhen sie optisch auf einer ganz dünnen Chromleiste. Die wuchtigen Stoßfänger sind entweder in Wagenfarbe oder in Kombination mit hellen Farben bewußt dunkler gehalten. Sie haben drei breite Lufteinlässe. An den Flanken führen Verkleidungen die optische Funktion der Stoßfänger fort.

Halt gibt der Linienführung in der Seitenansicht die allerdings sehr breite C-Säule. Die Heckgestaltung orientiert sich am W 124 mit den typischen, nach innen

Zur Kunst des Designers, viel Masse leichtfüßig zu verpacken, kommt bei diesem Bild die Kunst des Fotografen, die gewünschte Wirkung zu erhöhen

führenden Linien des Kofferraumdeckelabschlusses. Stärker als beim Vorgänger ist der Knick in Höhe der – sehr breiten – Kennzeichenbeleuchtung ausgefallen.

Das Plus von 93 Millimetern in der Länge (SEL 53 mm), 66 mm in der Breite und 53 mm (SEL 34 mm) in der Höhe ist gut versteckt. Und es ist vergleichsweise sparsam ausgefallen. Der Innenraum hat gegenüber dem Vorgänger um 40 Millimeter an Länge zugenommen, zur Optimierung der Knautschzone kamen im Vorderbau 72 mm dazu, also mehr als an Zuwachs in der Gesamtlänge. Die Tüftler haben an anderen Stellen wieder eingespart. Voraussetzung für das stilistische Gelingen waren der um 105 (SEL 65) Millimeter verlängerte Radstand und aufeinander abgestimmtes Anwachsen von Länge, Höhe und Breite.

Motoren

Zu den vielen Neuerungen der gesamten Motorenreihe zählt die Einspritzanlage. Sie mißt die angesaugte Luft mit einem Hitzdraht-Messer (LH-Einspritzung), ein Verfahren, von dem sich Mercedes größte Präzision bei der Zuführung der jeweils benötigten Ansaugluft verspricht. Die Drosselklappen sind jetzt elektronisch gesteuert (E-Gas). Die vollelektronische Zündung wurde weiterentwickelt, sie regelt nun für jeden Zylinder einzeln den optimalen Verbrennungsablauf mit dem Ziel eines möglichst leisen Motorlaufs.

Die elektronische Zündung, die LH-Einspritzung, das E-Gas, Antischlupfregeleung (ASR) und Antiblokkiersystem (ABS) sind, und das ist eine epochale Neuerung, vernetzt in einem sogenannten Datenbus. Dieser CAN-Datenbus (Controller Area Network) koppelt alle Rechner der einzelnen Steuergeräte in einem eigenen Datenkanal und stellt sämtliche wichtigen eingesammelten Daten allen Rechnern zum richtigen Zeitpunkt zur Verfügung. Das soll, so verspricht Mercedes in den Presseunterlagen, zehnmal schneller möglich sein als im digitalen Telefonnetz der Post. Einfaches Beispiel der Wirkungsweise: Meldet ASR, daß die Motorleistung nicht mehr vollständig auf die Straße übertragen wird, fordert es über den Datenbus eine Leistungsreduktion des Motors an. Auch die mit Einführung der Modellreihe lieferbare Heizung des Katalysators wird über Datenbus ausgelöst. Die Kat-Heizung sorgt durch mehr Gas und späten Zündzeitpunkt schon in der Startphase für heiße Abgase. Die Wirkung des Kataylsators beginnt somit früher als in der bisherigen Ausführung. Die Angst vor dem Versagen dieser Elektronik will Mercedes dem Kunden mit Notlaufeinrichtungen nehmen. Kurz: Das Auto fährt auch ohne Datenbus klaglos, nur eben nicht optimal, zum Beispiel kann der Motor bei Inkrafttreten von ASR höher drehen als nötig oder die Kat-Heizung wird erst später eingeschaltet. Natürlich dient der Datenbus auch der Fehlerdiagnose.

Als wesentlicher Bestandteil der Motorenpalette des W 140 wurde der Reihensechszylinder des 300 SE vom W 126 übernommen. Durch längeren Hub und größere Bohrung hat es die überarbeitete Maschine im neuen 300 SE auf 3199 ccm gebracht. Der Zylinderkopf wurde so modifiziert, daß ein Fertigungsverbund mit dem Zwölfzylinder eingerichtet werden konnte. Das maximale Drehmoment des Motors ist höher als beim Vorgänger (31 mkg statt 24,5) und wird bei niedrigerer Drehzahl erreicht (4100 statt 4400 U/min). Die Leistung stieg von 180 auf 231 PS.

Auch die Achtzylinder-V-Motoren der 400 SE und 500 SE stammen im Prinzip vom Vorgänger. Größerer Hubraum und die schon genannten grundsätzlichen Neuerungen sind auch hier Grundlage zu höherer Leistung. Acht- und Zwölfzylinder sind serienmäßig mit Tempomat ausgerüstet.

Der Zwölfzylinder ist schon äußerlich von besonderer Faszination für den Techniker, sind solche Motoren doch Sinnbild nahezu geheimnisvoller Kraftentfaltung bei optimaler Laufkultur. Die Zylinderköpfe des Mercedes-V12 stammen im Prinzip vom Reihensechszylinder. Größter Wert wurde bei allen beweglichen Teilen auf Geräuscharmut gelegt, das Motormanagement ebenso darauf ausgerichtet. So lesen sich die Daten: 5987 ccm, 408 PS, maximales Drehmoment 58 mkg bei nur 3800 U/min, von 0 auf 100 in sechs Sekunden. Die Höchstgeschwindigkeit bleibt in den offiziellen Unterlagen mit der Angabe „ca. 250“ im Nebel – wie die PS-Leistung eines Rolls-Royce. Geschätzt wird die theoretisch mögliche Höchstgeschwindigkeit des 600 auf 290 km/h. Das in jeder Beziehung eindrucksvolle Wirken dieses Motors schlägt sich auch in der Größe des Katalysators nieder: Mit sieben Liter Kat-Volumen stellt er die am üppigsten dimensionierte Abgasreinigungsanlage der Welt in einem Personenwagen dar.

Für den US-Markt tritt ein Reihensechszylinder-Dieselaggregat die Nachfolge entsprechender Typen aus der ausgelaufenen Modellreihe an. Es hat jetzt 3,5 Liter Hubraum und leistet 150 PS.

Getriebe

Aus dem feinen Regal der SL-Produktion stammt die Optimierung des Getriebes im Sechszylinder: Vom Vorgänger übernommen und jetzt um ein Zwei-Massen-Schwungrad ergänzt, kommt das Fünfgang-Getriebe im neuen 300 SE zum Einbau, in der Abstufung als echtes Fünfgang-Getriebe ohne Schoncharakteristik. Als Sonderwunsch gibt es ein elektronisch geschaltetes Sperrdifferential (ADS). Die Viergangautomatik aus dem Vorgängermodell ist auch im neuen Sechszylinder lieferbar, ebenso die Fünfgangautomatik. Hierbei handelt es sich um ein Schonganggetriebe. Der fünfte Gang wird elektronisch zugeschaltet, wenn im vierten Gang

500 SEL
S-KT 4720

Das Triebwerk aus Untertürkheim, auf das Freunde aufwendiger Technik so lange gewartet haben. Auf Gestaltung wurde auch da nicht verzichtet

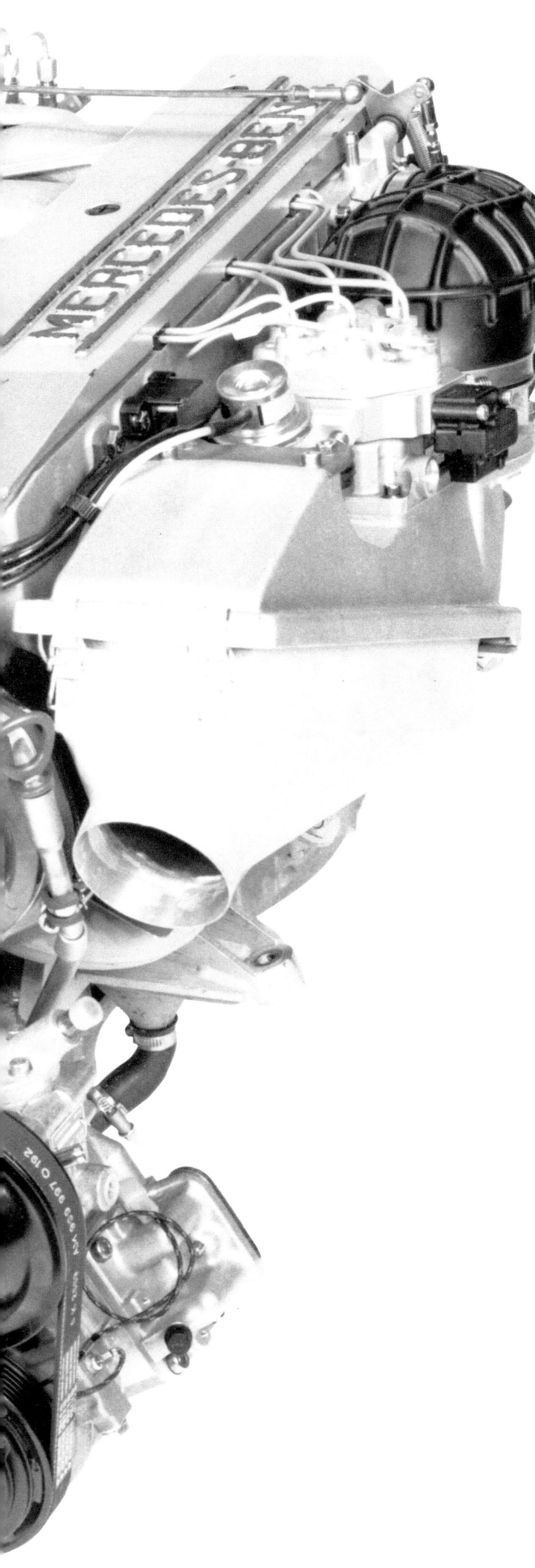

die Höchstgeschwindigkeit erreicht ist. Damit wird die Drehzahl reduziert. Diese Automatik soll gegenüber dem handgeschalteten Getriebe fünf Prozent und gegenüber der Viergangautomatik zehn Prozent Kraftstoff einsparen.

Ausrüstungsgegenstand der Achtzylindermodelle ist die Viergangautomatik. Wie bei den Sechszylindern kann sie auf Wunsch mit der Antischlupfregelung (ASR) gekoppelt werden.

Beim Zwölfzylinder ist ASR Serie. Zum Einsatz kommt hier ebenfalls ausschließlich die Viergangautomatik als beste Voraussetzung für ruhiges Dahinrollen.

Fahrwerk

Die Vorderachse aus der alten S-Klasse erhielt einen eigenen Träger. Zusammen mit den doppelten Querlenkern soll diese Achse noch mehr Fahrkomfort bringen. Die meisten Aufhängungspunkte der Vorderachskonstruktion ruhen auf dem Fahrschemel.

Prinzipiell unverändert wurde die Raumlenker-Hinterachse den neuen Gewichts- und Bewegungsbedingungen angepaßt. Federwege von über 200 Millimetern an allen vier Rädern sind die Grundvoraussetzung für überlegenen Fahrkomfort. Die Stoßdämpfer sind so ausgelegt, daß sie erst bei starker Belastung ihre Kraft spürbar entfalten. Bei scharfer Kurvenfahrt greifen sie über Zug-Anschlagfedern verhärtend in die Grundfederung ein, Kunststoffkissen dienen als Anschlagdämpfer der Federbewegung. In Verbindung mit der Niveauregulierung der Hinterachse ist das Adaptive Dämpfungs-System (ADS) lieferbar, eine vollautomatische, über Magnetventile wirkende Steuerung der Stoßdämpfer. Sie paßt die Dämpfung unmittelbar allen Straßenverhältnissen an. Die höchste Steigerung des Komforts bringt schließlich das für die Achtzylinder und den V12 auf Wunsch lieferbare hydropneumatische Federungssystem für Vorder- und Hinterachse.

Die bewährte Kugelumlauflenkung mit Servounterstützung erfuhr für die Achtzylinder und den V12 eine Serienergänzung: eine „Parameterlenkung" genannte, geschwindigkeitsabhängig arbeitende, stufenlose Unterstützung der Servo-Einrichtung. Die herkömmliche Servohilfe richtete sich dagegen nur nach dem Lenkeinschlag. Die Parameterlenkung ist für die Sechszylinder auf Wunsch lieferbar. Das Manövrieren nach hinten erleichtern zwei sich bei Rückwärtsfahrt aufstellende Peilstäbe in den hinteren Kotflügeln.

Der Clou der Bremsanlage ist die Doppel-ABS genannte Weiterentwicklung des bekannten ABS. Es verlegt mehr Bremskraft auf die Hinterräder, schließt aber das Blockieren – hier besonders gefährlich – aus. Ein zweiter ABS-Regelkreis verhindert, daß die hinteren Räder vor den vorderen blockieren. Diese verstärkte Einbindung der Hinterräder in den Bremsvorgang soll

S-AM 6740
S-DS 7957
500 SEL
S-KT 5618
600 SEL
V12

Der Stern, hier beim W 140, ist Symbol des Verkaufserfolgs der S-Klasse

den Bremsweg verkürzen, besonders auf glatter Fahrbahn, und für eine gleichmäßige Abnutzung der Bremsanlage sorgen. Allerdings gilt dies nur für gerade Strecken. In Kurven wird die Bremskraft auf den Hinterrädern entsprechend reduziert.

Ausstattung

Bei einer Aufstellung darüber, wieviele Stunden im Jahr sie als Fahrer oder Mitfahrer im Auto verbringen, würden Nutzer der S-Klasse mit Sicherheit zur Spitze zählen. Häufig als Geschäftswagen eingesetzt, werden die Limousinen intensiv genutzt und sollen die Insassen dennoch möglichst ausgeruht zum Termin bringen. Damit begründete Mercedes auch, warum die neue S-Klasse des Jahres 1991 nicht kompakter wie gewöhnlich eine neue Modellreihe, sondern voluminöser ausfiel. 40 Millimeter des verlängerten Radstandes kommen den Passagieren zugute.

Man sieht es den Wagen wirklich nicht an, aber es ist so: In sie steigt man wieder ein, kein Spur von gebücktem Hineinkriechen. Drinnen erwarten Fahrer und Mitfahrer höchst komfortable Einzelsessel vorn, auf Wunsch auch hinten. Die neue S-Klasse ist praktisch ein Viersitzer, auch wenn die hinteren Einzelsitze nicht geordert werden. Hinten findet sich zwar unverändert eine Sitzbank, der mittlere Platz ist aber in jedem Fall zweitklassig. Von um 140 Millimeter gewachsener Inneraumbreite wurden 20 mm für vergrößerten Abstand zwischen den beiden Vordersitzen reserviert. Dem Fahrersitz galt die größte Aufmerksamkeit der Ingenieure: Er ist vielfach einstellbar, Länge, Höhe und Neigung für Sitzkissen und Lehne, dazu noch eine Verstellung des Sitzkissens in Relation zur Lehne. Der Beifahrer muß sich normalerweise mit Längsverstellung und stufenloser Lehnenverstellung begnügen. Gegen Aufpreis kann der Beifahrersitz auch entsprechend dem Fahrersitz ausgestattet werden, die Memoryschaltung gehört nur im 600 zum serienmäßigen Lieferumfang.

Der erste Eindruck beim Blick nach vorn: Hinter dem Sicherheitslenkrad mit großflächigem Pralltopf mit Airbag liegen, unter einem großen, fast ovalen Wulst gegen Spiegelung abgschirmt, fünf Rundinstru-

Hier bleibt man gerne sitzen: die besten Plätze im W 140 spiegeln Luxus, Eleganz und Funktionalität wider

mente, nach Größe geordnet. Der Tachometer sitzt zentral. Der Drehzahlmesser befindet sich rechts davon und die Multifunktionsanzeige für Verbrauch, Öldruck und Temperatur in einem Instrument zusammengefaßt links, Uhr und Tankanzeige liegen jeweils ganz außen. Eine feine, klare Ordnung in klassischer Aufteilung und eine Absage an elektronische Anzeigen und andere Moden. Die Lenksäule ist selbstverständlich verstellbar.

Schwarzes Leder beherrscht den Innenraum, Holzpartien im Armaturenbrett, auf der Konsole und an der Türverkleidung sind optische Abwechselung. Zum Komfort wesentlich beitragen soll die neue Doppelverglasung der Seitenscheiben. Beschlagfreiheit und bessere Isolierung von Geräusch und Temperatur sind ihre Haupteffekte. Zwischen den Scheiben liegt ein drei Millimeter dicker Luftspalt, die Luft ist entfeuchtet. Allein dafür waren aufwendige Versuchsfahrten während der Erprobung nötig, von anderen Baukomponenten der neuen Generation ganz zu schweigen. Die Idee der Schließanlage erweiterten die Entwickler um die Variante der sich mitschließenden Fenster, bedienbar von jedem Türschloß und vom Kofferraumschloß aus. Lieferbar ist auch eine Servohilfe zum Öffnen und Schließen der Türen und des Kofferraumdeckels. Außer der Bequemlichkeit für den Nutzer bringt sie der Nachbarschaft eine effektive Lärmminderung. Die Klimaautomatik – jetzt gekoppelt mit einem Geruchsfilter – ist im 600 Serie, sonst Sonderwunsch.

TYPEN UND MODELLE

In einem kompletten Programm von acht Limousinen brachte Mercedes die neue Generation auf den Markt. Dreigegliedert ist das Motorenangebot, es teilt sich in Sechszylinder (300 SE/SEL), Achtzylinder (400 SE/SEL und 500 SE/SEL) sowie den Zwölfzylinder 600 SE/SEL. Seit der Überarbeitung der vorherigen Serie im Jahre 1985 gibt es nur noch Einspritzer in der S-Klasse.

Welcher Wagen wird der Renner im Verkauf? Die Preise lagen bei der Premiere zwischen 87 894 DM (300 SE) und 198 360 DM (600 SEL). Für die Langversion wird pauschal 4218 DM Aufschlag genommen. Zwischen den einzelnen Typen liegen 20 064 DM (300 SE zu 400 SE), 8208 DM (400 SE zu 500 SE) und 77 976 zwischen dem 500 SE und dem 600 SE. Fast der Preis eines 300 SE! Ob das gerechtfertigt ist, wird sich mancher fragen. Die Käufer des 600 kaum, das neue Superauto mit den Prachtbuchstaben V12 auf der C-Säule wird seinen eng begrenzten Kundenkreis finden. Zu erkennen ist der 600 außerdem am Typschild auf der Kofferraumklappe und am Leichtmetallgußrad, wie es ihm vorbehalten bleibt. Viel spricht für den 500 SEL als das Volumenmodell im Verkauf, weil der Preis nahe am 400 ist und die Zahl 500 fast soviel Prestige verheißt wie die berühmte 600. Die Zahlen-Buchstabenkombination war schon immer ein schlagkräftiges Verkaufsargument bei Mercedes.

Dezent, aber unübersehbar: Der Schriftzug V12 dokumentiert die Spitzenstellung des 600 im 1991 eingeführten Programm der Baureihe W 140

Das komplizierte Innenleben der neuen S-Klasse

Coupé und Cabriolet

Coupéformen, aus denen nichts wurde. Interessant vor allem die Version für die Baureihe W 108/109

Streng nach Werksterminologie ist die S-Klasse nicht auf die Limousinen beschränkt. Die SL-Sportwagen gehören dazu und die Coupés und Cabriolets. Die SL-Baureihe hat trotzdem immer ein Eigenleben geführt, das darzustellen den Rahmen dieses Buches sprengen würde. Coupé und Cabriolet gehören auch vom Ursprung zur „klassischen" S-Klasse, obwohl im Sprachgebrauch fast immer die Limousinen gemeint sind, wenn das Schlagwort „S-Klasse" fällt. Coupé und das nur anfangs angebotene Cabriolet spielen zahlenmäßig eine Randrolle im Programm von Mercedes. Immerhin ist diese Rolle mit dem SEC der Baureihe W 126 festgeschrieben worden, nachdem es vorher eine lange Pause gegeben hatte und davor die Verwertung des stilistischen Erbes aus der Zeit vor der Baureihe W 108 ausreichte.

Das 280 SE 3,5 Coupé verkörperte mit seinem von der Baureihe W 111 („Heckflosse") stammenden Design schon Klassik, als es noch vom Band lief

Als der 250/300 der Baureihe W 108 erschien, waren Coupé und Cabriolet der Heckflosse – als W 111 mit dem Status einer eigenständigen Baureihe versehen – vier Jahre auf dem Markt. Im Design waren sie schon deutlich von den modischen (ursprünglich „Peilstäbe“ genannten) Heckflossen abgerückt. Das war auch der Grund, warum die Autos stilistisch so lange überlebten. Die Heckpartie nahm im Prinzip die der Limousinen W 108 voraus. Die Autos galten schnell als Traumwagen und blieben aktuell bis über die Produktionseinstellung 1971 hinaus. Beide Wagen hatten früh die Anlage zu Klassikern. Einen direkten Nachfolger bekamen sie nicht. Ihren Platz im Programm übernahmen die 1970 vorgestellten SL (R 107/C 107). Vor allem letzterer, der SLC, war der schnelle, exklusive Reisewagen, wie ihn zuvor Cabriolet und Coupé dargestellt hatten. Strenggenommen ist die 250-SE-Version noch zur Generation der Heckflosse zu zählen, während mit dem neuen 2,8-Liter-Motor wirklich innovative Elemente in das vertraute Auto einzogen.

Die durchgehende Fensterfläche, die B-Säule wurde weggelassen, und die auch aus Gründen der Stabilität verstärkte C-Säule prägte die elegante Seitenansicht. In der Frontgestaltung machte der Wagen dieselbe Entwicklung durch wie die Limousinen auch: Er schrumpfte in der letzten Entwicklungsstufe in der Höhe (und wird zur Unterscheidung seitdem „Flachkühler“ genannt).

Mit Einführung der Limousinen W 108 erhielten die jetzt W 111/III genannten Coupés und Cabriolets die Maschine des 250 SE. Als 300 SE wurden beide Wagen unverändert bis 1967 weitergebaut. Der Motor des 280 SE war mit seiner Einführung auch in Coupé und Cabriolet erhältlich (W 111 E 28), ehe 1969 die letzte Stufe dazukam mit dem 3,5-Liter-V8-Motor (W 111 E 35/1). Als 280 SE hatten die Wagen ein Viergang-Getriebe, mit V8-Motor Automatik.

Von Anfang an beherrschten das Armaturenbrett zwei große Rundinstrumente, den umstrittenen Signaltacho der Heckflossen-Limousinen hatten Coupé und Cabriolet nicht als Erbe übernehmen müssen. Holzmaserungen und Ledereinfassungen – zuletzt sogar in recht grellen Farben – verbreiteten eine luxuriöse Atmosphäre. Das Carbrioletdach hatte ein Heckfenster aus Kunststoff, darüber war eine Chromleiste angebracht. Die Ingenieure wiesen seinerzeit mit Stolz darauf hin, daß sich das Dach von einer Person mühelos bedienen läßt. Rund 20 Jahre später gab es im 1989 vorgestellte SL das vollautomatisch arbeitende Dach. So schnell ändern sich die Zeiten.

Dieses Cabriolet hat einen Sonderplatz in der Modellgeschichte des Hauses. Es blieb bislang das einzige in den als S-Klasse vom übrigen Programm abgehobenen Baureihen. Der 1981 eingeführte SEC blieb solo, die geplante SEC-Version auf Basis des W 140 soll es ebenfalls nur geschlossen geben.

Auf das SEC-Coupé ist Chefdesigner Bruno Sacco besonders stolz. Dieses Auto wurde praktisch schon als Klassiker entworfen

SEC

Der SEC von 1981 ist schon rein äußerlich ein Glanzstück. Die stilistische Abwandlung der Limousine in ein Coupé gelang Chefdesigner Bruno Sacco besonders gut. Dachlinie und Heckabschluß harmonieren makellos.

Oft ist es dieser Bereich im Design, der später die Mühe erkennen läßt, die das Variieren eines bekannten Themas machte, nämlich das Design der Limousine in Coupé-Form zu interpretieren. Die große Tür, die die gesamte Fahrgastzelle umfassende, durchgehende Seitenfensterfläche (besonders eindrucksvoll bei geöffneten Fenstern) macht den Wagen elegant. In der Front wandte Mercedes erstmals das stilistische Mittel der unterschiedlichen Kühlergrills an, der SEC trägt wie traditionell der SL die großflächige Aufteilung mit dem Stern in der Mitte. Diese sehr ruhig wirkende Gestaltung paßt hevorragend zum Gesamteindruck des Wagens.

Der Radstand des Coupés ist 85 Millimeter kürzer als der der SE-Limousine. In der Länge fehlen ihm gegenüber der „kurzen" Limousine 20 Millimeter, in der Breite 8 und in der Höhe 29 mm. Es gab und gibt den SEC als 380 (1981 – 1985), als 420 (1985 – 1992), als 500 (1981 – 1992) und natürlich als 560 (1985 – 1992).

Technisch machte der Wagen stets die Entwicklung der etwas größeren Brüder mit. Er blieb, bis der SL von 1989 erschien, der Luxusmercedes schlechthin, in kleinen Stückzahlen von rund 6000 Einheiten pro Jahr gebaut und um gegenüber den SEL-Versionen um knapp 20 000 DM teurer. Mit besonderem Stolz verbreitet Mercedes-Benz die Meldung, daß viele Formel-1-Rennfahrer Mercedes fahren, die meisten von ihnen den 560 SEC. Ob sie seit 1989 SL fahren, ist nicht verbrieft. Sein Publikum wird auch der SEC auf Basis des W 140 finden. Dessen Spitzenmodell wird die vielversprechende Typbezeichnung 600 SEC tragen.

Coupéformen, aus denen nichts wurde.

Sicher und sauber

Es begann mit einem ungewöhnlichen Einstellungsgespräch. Der junge Ingenieur erläuterte offensiv, warum gerade er die ausgeschriebene Stelle bekommen sollte: In Puncto Sicherheit sei noch viel zu tun im Hause Daimler-Benz, mahnte Béla Barényi sein Gegenüber, den allgewaltigen Daimler-Benz-Generaldirektor Wilhelm Haspel. Das machte Eindruck, der junge Mann wurde nicht vor die Tür gesetzt, sondern bekam die Stelle. Er erhielt im Werk Sindelfingen eine Baracke mit der Grundfläche neun mal 30 Meter zugewiesen und ging ans Werk.

1939 hatte die Welt andere Sorgen als die Sicherheit oder Unsicherheit des Automobils. Jeder spürte das drohende Unheil. Die Katastrophe des zweiten Weltkrieges stand unmittelbar bevor, wer dachte da viel über das Auto nach, dessen private Nutzung ohnehin schon bald untersagt sein würde. Und auch in friedlichen Zeiten hätte es in der ganzen Branche wohl nur wenige gegeben, die die Notwendigkeit von Forschung in Sachen Fahrzeugsicherheit für notwendig gehalten hätten. Noch führte niemand eine Statistik über Unfallopfer, Verkehrsunfälle gehörten nicht zum Alltag und wurden mehr als Schicksalsschlag als ein von Menschen verursachtes Ereignis angesehen. Kritik an den Folgen der faszinierenden Erfindung Automobil lag den Menschen fern. Geforscht wurde vorrangig an der Verbesserung der elementaren Technik des Automobils.

Das spürte der 32jährige Béla Barényi auch im Werk. Von der stolzen Entwicklungsabteilung blickte man verächtlich zur Baracke herab, wo eine Hand voll Leute „spielte". Der Generaldirektor, so erinnert sich Barényi später, hatte seine ganze Autorität einsetzen müssen, damit die neue Miniabteilung – anfangs war Barényi allein – ungehindert wirken konnte. In einem großen Werk sind sich schließlich nicht alle wohlgesonnen.

Barényi machte sich an die Arbeit. Begleitet von Karl Wilfert – später würde er einmal die Karosserieentwicklung in Sindelfingen leiten – baute er bis zum Frühjahr 1940 einen 170 V, dessen Fahrgestell mit einem Flankenschutz, einer erhöhten, harten Umrandung, versehen war. Außerdem hatte der Versuchswagen schon eine Knautschzone im Heck, einen extrem gestaltungsfesten Sitzquerträger und eine dreigeteilte Lenksäule. Hätte das Auto auch eine Knautschzone vorn gehabt und einen Überrollbügel, wären alle Grundelemente der passiven Sicherheit bereits erfüllt gewesen. Insgesamt sechs Versuchswagen entstanden in der Baracke, erhalten geblieben ist übrigens keiner. Die Nummer eins ging nach dem Krieg an den französischen General Koenig und ist nie wieder aufgetaucht.

Der Weg war gewiesen, Daimler-Benz ging ihn nach 1945 weiter. 1947 entstand ein Versuchsauto namens „Terracruiser" – 40 Jahre später nannte man so oder ähnlich Allradfahrzeuge für den Normalverbraucher – . Der „Terracruiser" hatte einen Pralltopf im Lenkrad. Die Arbeiten waren jetzt patentreif. 1951 wurde die „Sicherheitsfahrgastzelle mit Knautschzone" unter urheberrechtlichen Schutz gestellt. Zwei Jahre später, mit dem neuen 180, kam die Erfindung auf die Straße. Zum ersten Mal waren die Früchte der Forschungsarbeit der schon längst nicht mehr belächelten Abteilung in die Serie eingeflossen. Béla Barényi leitete die Abteilung, bis er 1973 in Ruhestand ging. Seine Arbeit blieb auch danach in der Branche unübertroffen. Erst der Einsatz von Computern zu Beginn der achtziger Jahre eröffnete neue Möglichkeiten.

Fortan trug jede neue Modellgeneration von Mercedes sicherheitstechnischen Fortschritt in sich. Auch schon zu einem Zeitpunkt, als die positive Wirkung solchen Schaffens auf die Öffentlichkeit und auf die Kundschaft noch gar nicht erkannt war. Als 1959 die später „Heckflosse" genannte Baureihe (W 110 bis 112) erschien, war in Prospekten, Pressevorstellungen und auch in Testberichten kaum die Rede vom abgepolsterten Armaturenbrett und dem auch in anderen Punkten entschärften Innenraum. Design, Straßenlage und Motorleistung standen im Mittelpunkt des Interesses.

Auch Fotos von Crashversuchen machten noch nicht die Runde. 1959 setzte die Serie solcher Tests ein, keine Erfindung von Daimler-Benz zwar, wie Karl Wilfert 1960 in einem Gespräch zugab, aber in Sindelfingen sicherlich so systematisiert, daß die Versuche optimalen Nutzen brachten. Um Vergleichswerte zu erhalten, wurden auch ältere Typen gegen die Wand gefahren, wie historische Fotos beweisen. In den Autos saßen Schaufensterpuppen, noch nicht jene mit Technik vollgestopften Dummies der achtziger und neunziger Jahre mit der Möglichkeit, eine Fülle von Informationen zu übermitteln.

Anfang der sechziger Jahre bahnte sich eine weitere Neuerung an: der Sicherheitsgurt. Schon 1961 baute Mercedes Verankerungspunkte ein, 1962 gab es als Sonderwunsch Schrägschultergurte. 1967 war die Sicherheitslenkung serienreif, 1968 folgten Dreipunkt-Statikgurt und Kopfstützen, die Idee des Airbags gewann in dieser Zeit an Gestalt.

Die Sicherheitsforschung hat seitdem ein weiteres Standbein: Realunfälle, wie die Techniker in ihrer trokkenen Sprache die echten Unfälle nennen, werden untersucht und ausgewertet. Die dabei gesammelten Erkenntnisse fließen in die Crash-Versuche ein. Die Filmaufnahmetechnik hatte sich inzwischen stark verbessert. 1970 machten sich die Ingenieure an die Entwicklung des Gurtstraffers.

1971, ein Jahr vor der Präsentation der S-Klasse in der zweiten Generation, wurde ein Auto vorgezeigt, das viel Aufsehen erregte: das erste ESV (Experimental Safety Vehicle) eignete sich nicht nur gut zum Erproben neuer Sicherheitstechniken, sondern auch als Werbetrommel. Schon längst hielt man in Untertürkheim nicht mehr hinter dem Berg mit den Errungenschaften auf diesem Gebiet und mit dem enormen Vorsprung, den man hier vor der Konkurrenz hatte. Gerade für Interessenten der S-Klasse machte sich der ESV gut, weil ein 250er als Basis verwendet worden war. Nach der Erprobung einiger Prototypen wurde der Wagen als ESV 05 der Öffentlichkeit vorgestellt.

Bis zu 15 Jahren seiner Zeit voraus war dieser ESV 05: Dreipunkt-Automatikgurte, Gurtkraftbegrenzer, Gurtstraffer, Fahrer- und Beifahrersitz mit integrierter Gurtverankerung, Airbag für Fahrer und Beifahrer, extrem steife Fahrgastzelle mit optimierter Front-, Heck- und Seitenstruktur sowie Schutzmaßnahmen

Auswertung von Realunfällen nennt Mercedes Messungen an solchen Fahrzeugen

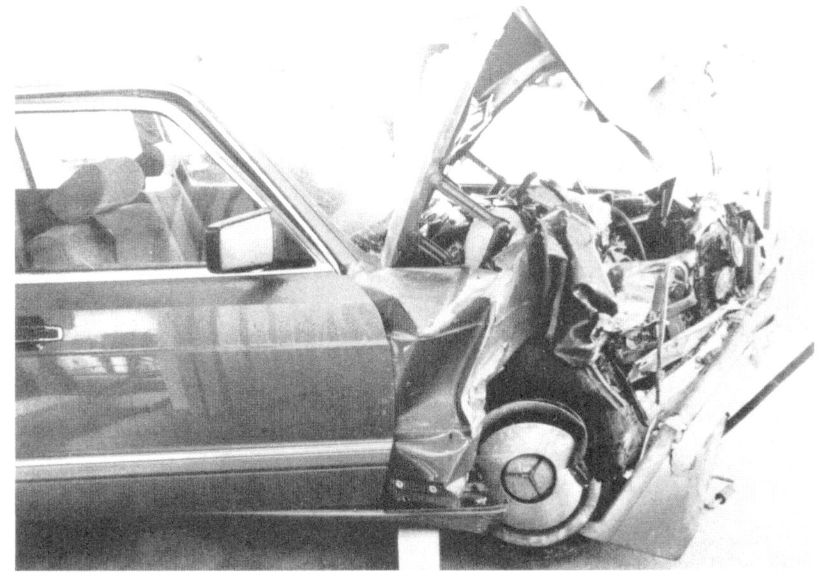

Experimentier-Sicherheitsfahrzeug (ESF) 13

gegenüber Fußgängern und Zweiradfahrern hatte er an Bord. Nächster Schritt schon ein Jahr später war der ESV 13 (in deutsch auch ESF genannt). Ihn führte das Werk stolz auf der Fachausstellung transpo 72 in Washington vor.

1972 übernahm die Abteilung eine eigene, geräumige Versuchshalle. Man war nun nicht mehr auf erträgliches Wetter bei der Durchführung der Crash-Versuche angewiesen. Kaum zu glauben, daß dies alles in einer Baracke begann; ab den achtziger Jahren arbeiteten gut 1300 Köpfe im Gesamtkomplex. 1973 folgte mit dem ESF 22 der nächste, einem breiten Publikum vorgestellte Versuchswagen. Ein kleiner Prospekt würdigte seine Qualitäten und unterschied fein in aktive Sicherheit mit den Unterbegriffen Fahrsicherheit, Konditionssicherheit (Sitzkomfort, Klimatisierung, Schwingungs- und Geräuschverhalten), Wahrnehmungssicherheit (Scheinwerfer, Heckleuchten, Bedienungssicherheit) und die in innere und äußere Sicherheit aufgeteilte passive Sicherheit. Die besonderen Werte dieses Autos: Die bei einem Frontalaufprall auftretende kinetische Energie (bis zu einer Geschwindigkeit von 65 km/h) und die eines Heckaufpralles bis zu 50 km/h wird, laut Prospekt, „weitgehend aufgenommen durch definiert verformbare Gestaltung der unteren Querträger vorn, oberen Querträger vorn, unteren Längsträger, oberen Längsträger und der geschwindigkeitsabhängigen Pralldämpfer des Stoßfängersystems."

Ab 1973 haben Daimler-Benz-Personenwagen Dreipunkt-Automatikgurte und Kopfstützen serienmäßig, seit 1976 ist das Gurtschluß am Sitzgestell angebracht. Außerdem ging eine neue Sicherheitslenkung mit Wellrohr in Produktion.

Für 1979, dem Präsentationsjahr der S-Klasse in dritter Generation, waren die Crash-Versuche in der Form des versetzten Frontalaufpralls so weit gediehen, daß die neuen Wagen gezielt auf das Überstehen eines solchen Aufpralls ausgelegt waren. Die Gurte sind ab jetzt höhenverstellbar, anschnallen kann sich auch der Hintensitzende. Erst knapp zehn Jahre später sollte dies in der Straßenverkehrsordnung Vorschrift werden.

Erst 1987 ging der aus dem ESV 05 bekannte Beifahrer-Airbag in Serie. Ein Beleg dafür, daß manchmal viele kleine Hindernisse der Umsetzung einer guten Idee im Wege stehen.

Die Arbeit dieser Abteilung hat viel beigetragen zum Erfolg der Marke. Daß die Autos von Mercedes sicher sind, wird auch von Anhängern anderer Marken nicht in Zweifel gezogen. Und wem ein schwerer Unfall nicht erspart blieb, sich dessen Folgen aber dank moderner Sicherheitstechnik in Grenzen hielten, dürfte zu den treuesten Kunden des Hauses zählen. Schließlich sind die Früchte allen Strebens, Unfallfolgen zu mildern, auch gut zu gebrauchen in einer Zeit wie Anfang der neunziger Jahre, in der sich das Auto mit genereller Kritik auseinandersetzen muß.

Es ist längst erwiesen, daß der Rückgang der Verkehrstoten in der alten Bundesrepublik ab dem traurigen Rekordjahr 1972 mit rund 18 000 auf rund 8000 zum Ende der achtziger Jahre zu einem erheblichen Teil auf verbesserte Fahrzeugtechnik zurückzuführen ist.

SICHERHEITSTECHNISCHER FORTSCHRITT IN DER S-KLASSE

1. Generation

Der Grundstein zur passiven Sicherheit im Auto war längst gelegt, als die Baureihe W 108/109 erschien. Knautschzone und Sicherheitsfahrgastzelle gehörten zu den in die Serie umgesetzten Daimler-Benz-Patenten, so daß auf diesem Gebiet nicht viel Innovatives in die neuen Autos einfloß. Allerdings hatten sie ab 1967 die im Jahre 1960 patentierte Sicherheitslenkung mit Polsterplatte, Pralltopf, der teleskopartig ineinander schiebbaren Lenksäule und dem weit vor der Vorderachse angeordneten Lenkgetriebe vorzuweisen. Dreipunkt-Sicherheitsgurte waren jetzt verfügbar. Mit der Einführung von Kopfstützen sollte es aber noch etwas dauern. Die Verwendbarkeit von Verbundglas-Windschutzscheiben fiel in diese Zeit, Daimler-Benz bot sie als erster Hersteller an.

Die Weiterentwicklung des Technologieträgers und Vorzeigeobjektes: ESF 22

Das ESF 14 hatte die Linien der Baureihe W 116

Testziel erreicht: das Heckabteil hat viel Energie absorbiert

Für die Baureihe W 108/109 wurden die Tests noch im Freien durchgeführt

2. Generation

In die Produktionszeit des W 116 fallen einige wichtige Fortschritte. Für die Baureihe wurden die Seitenstabilität und der Überrollschutz erhöht. Dabei erhielten die A- und die C-Säulen in ihren Anschlußpunkten an das Dach und an die Längsträger Verstärkungen. Die B-Säulen hatten nach oben und unten einen ausgerundeten Anschluß. Damit sollten Deformationen beim Seitenaufprall verringert werden. Die Verformbarkeit von Bug und Heck war stärker geworden, je nach Wucht des Aufpralls geschah sie jetzt in genau vorausberechneten Stufen. Die Längsträger vorn waren gegabelt ausgeführt. Der Tank erhielt den sichersten Platz, nämlich über der Hinterachse außerhalb der Knautschzone, er lag jetzt hochkant. Sollknickstellen sorgten dafür, daß bei einer Deformation der Einfüllstutzen nicht brechen konnte. In Stufen gab auch die Armaturenanlage nach, Hohlräume unter der Oberfläche ermöglichten dies. Lenksäule, Lenkrad und Polsterung entsprachen dem sicherheitstechnischen Optimum.

Ab 1973 gab es Dreipunkt-Automatikgurte in Serie, zusammen mit Kopfstützen. Gegen Aufpreis wurde eine erste Kinderückhalteeinrichtung eingebaut.

3. Generation

Möglichkeiten der Sicherheitstechnik und vor allem gesetzliche Anforderungen waren inzwischen so weit fortgeschritten, daß es nicht mehr nur darum ging, ob ein Fahrzeug bei einem Aufprall den Insassen genügend Schutz bieten würde, sondern bei welcher Art von Aufprall. Mit der Baureihe W 126 konnte Daimler-Benz vorweisen, mit den Folgen einer asymmetrischen Frontalkollision relativ gut fertig zu werden. Diese Unfallart (40 Prozent Überdeckung mit dem entgegenkommenden Fahrzeug) kommt in der Praxis am häufigsten vor. Der beim Vorgänger eingeführte Gabelträger vorn war

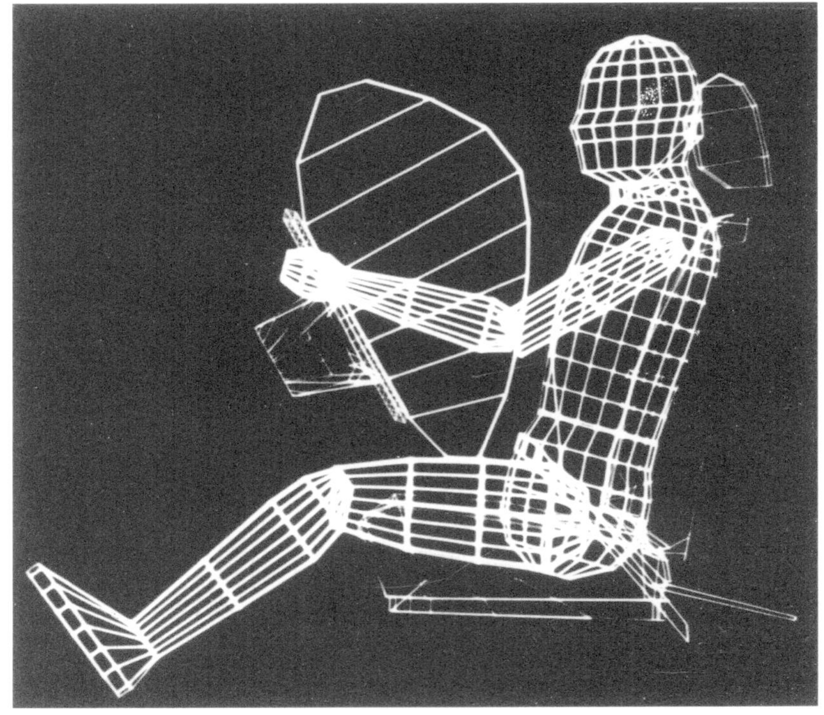

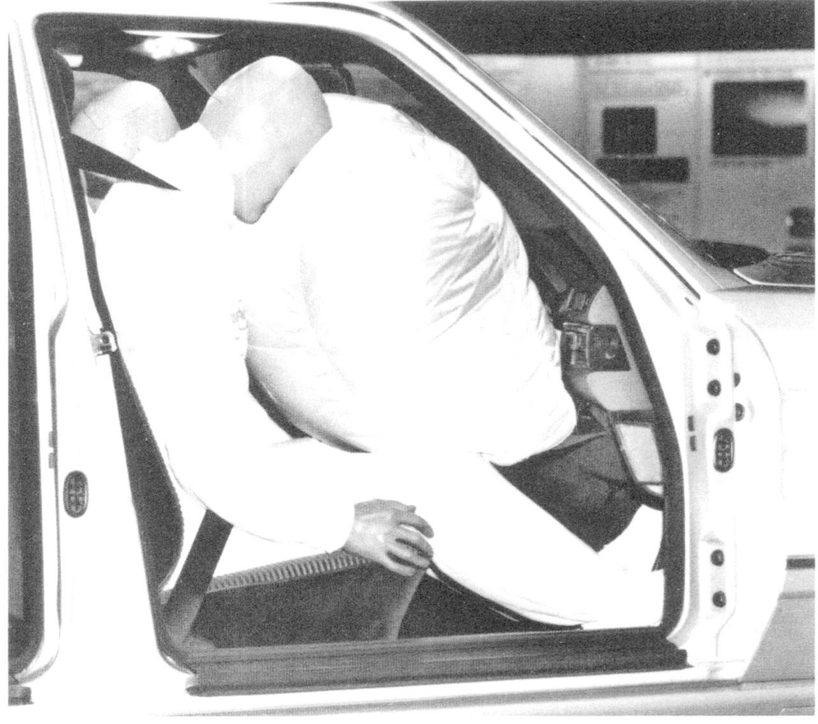

Der Airbag umhüllt sicher den Kopf von Fahrer und Beifahrer

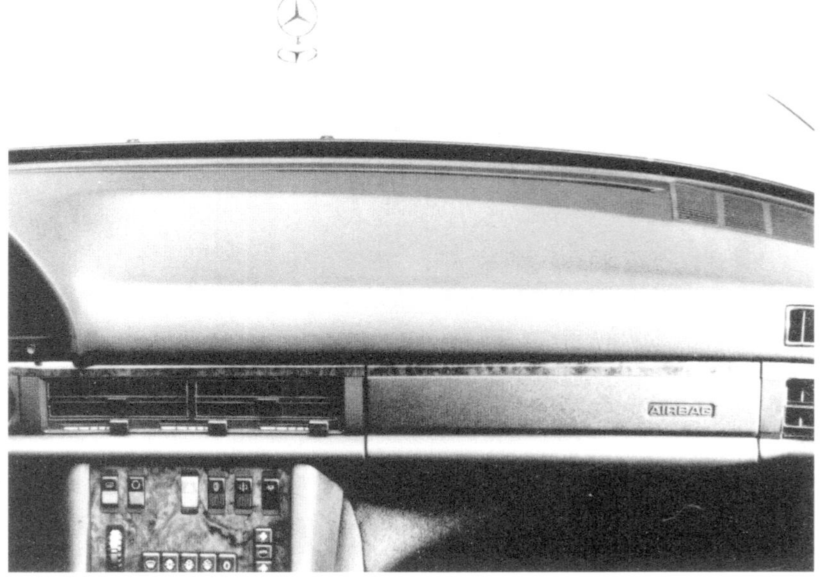

verfeinert worden. Auch auf der Rückbank gab es nun Dreipunktgurte und ab 1981 sowohl den Gurtstraffer wie den Airbag. Letzterer hatte über zehnjährige Entwicklungsarbeit erfordert.

4. Generation

Wieder einmal war ein Standard der Sicherheitstechnik erreicht, der bei der neuen S-Klasse nur Verfeinerungen der schon eingeführten Systeme nötig machte. Sie betrafen den Airbag – noch beim Vorgänger auch für den Beifahrer eingeführt – und das Gurtsystem mit der automatischen Höhenverstellung und Anpassung an den Körper. Die aktive Sicherheit steckt hinter den Kürzeln mit A: ABS wie Antiblockier-System, ADS wie adaptives Dämpfungssystem, ASD wie automatisches Sperrdifferential und ASR wie Antriebsschlupf-Regelung. Zur Sicherheit gehört schließlich auch das neue Höchstmaß an Komfort, das dieser Wagen erreicht hat. Wer weniger angestrengt fährt, fährt auch besser. Nicht gravierend war übrigens Gewichtsprobleme, wie sie Mitte 1991 in Form von zu geringer Zuladung bei bestimmten Ausstattungsvarianten auftauchten. Die Sicherheitsreserven waren so groß, daß das Gesamtgewicht um 140 Kilogramm erhöht wurde.

Versuche, Dummies und Versuchstechnik

Dem Außenstehenden bleibt nur der wie von Geisterhand gegen ein Hindernis geschleuderte Wagen, das zerberstende Blech und geplatztes Glas als Eindruck eines Crash-Tests. Und der Schauer, der einem über den Rücken läuft, wenn eine bitterernste Sache, die den Autofahrer täglich selbst hautnah betreffen kann, einfach nachgespielt wird.

Natürlich weiß der Betrachter solcher Versuche genau, daß hier nicht der Spieltrieb von Ingenieuren befriedigt wird. Auch steckt keineswegs die Abteilung Öffentlichkeitsarbeit hinter den spektakulären Fotos, wenn sie sich ihrer auch gerne bedient und so einen zusätzlichen Nutzen für das Haus aus der Forschungsarbeit zieht.

Crash-Test im Werk: deutlich ist die Funktion des Airbag zu erkennen ebenso wie die Wirkung der vorderen Knautschzone

Was heute routiniert, nach penibler Vorbereitung und mit hochkomplizierter Meßtechnik abläuft, hatte einst ganz einfach begonnen. Bei den ersten Versuchen, die Nachgiebigkeit der Armaturenanlage festzustellen, pendelte eine fünf Kilogramm schwere Holzkugel – so schwer ist der menschliche Kopf – gegen das Hindernis. Bei den ersten Crash-Versuchen im Werk Sindelfingen wurden Schaufensterpuppen eingesetzt. Daß auch Leichen verwendet worden sein sollen, ist bisher allerdings eine Botschaft aus dem Reich der Fabel geblieben. Die Effektivität der Versuche hängt außer von der wirklichkeitsgetreuen Durchführung vor allem von der verfügbaren Meßtechnik ab. 1959 stand die erste High-Speed-Kamera zur Verfügung, neun Jahre später konnte man es wagen, eine Kamera im Auto mitfahren zu lassen. Trotz immer weiter verfeinerter Aufnahmetechnik stellte sich heraus, daß die am Dummy oder am Auto entommenen Impulse mehr Aufschluß gaben als die schönsten Bilder. Beides zusammen machte ab Mitte der siebziger Jahre das Bild solcher Versuche aus.

1967 konnte man auf genormte Dummies zurückgreifen, 1983 eröffnete eine neue Generation von Versuchspuppen insgesamt rund 100 Meßmöglichkeiten, darunter auch die Messung der Verformung der Brust sowie der Biegemomente im Hals und in den Beinen und die Belastung für Kopf, Becken und Oberschenkel. Der Kollege Computer hatte ganz neue Erfassungsdimensionen eröffnet. Er wird aber nicht die Serie der Versuche ersetzen können, wo zum aktuellen Stand längst die Elektronik mit dreidimensional aufnehmenden Sensoren der Grundstein aller Messungen ist.

Nicht nur im Auto sitzen Dummies, sie sind auch als Fußgänger oder Motorradfahrer „unterwegs", um die Folgen entsprechender Unfälle sichtbar zu machen. 60 Fahrzeuge im Jahr müssen für die Versuche herhalten, so gibt es ein Prospekt Mitte der siebziger Jahre an. Der Aufprall von hinten gehörte und gehört ebenso dazu wie der Überschlag und die Lastwagen-Unterfahrung. Nicht alles wird am Auto ausprobiert, in vielen Fällen hilft auch der mit Dummies besetzte Schlitten weiter. Diese in den sechziger Jahren eingeführte Methode fand in den Achtzigern mit dem Bendix-Unfallsimulator ihre High-Tech-Steigerung.

Als Antrieb für die Crash-Autos dienten in den ersten Jahren die Seilwinde, ab 1962 Heißwasserraketen. Im Gebrauch waren diese brisanten Geschosse keineswegs unproblematisch, es kam gelegentlich vor, daß die Rakete dem soeben auf eine Wand aufgeprallten Wagen einen nicht eingeplanten Schlag versetzte, weil sie nicht rechtzeitig stoppte. Nach dem Umzug in die Halle arbeiteten die Unfallforscher mit einem elektrischen Linearmotor, der die Autos über eine Strecke von 100 Metern führen kann. Die Elektronik machte später eine ungespurte Fernsteuerung der Testfahrzeuge möglich.

Anfangs ging man vom Frontalaufprall als dem typischen Unfall aus, bei dem beide Fahrzeuge sich ohne Überdeckung exakt auf der ganzen Breite treffen. Die ersten US-Vorschriften basierten auf dieser Grundkonstellation. In den achtziger Jahren kristallisierte sich dann aber der Frontalaufprall mit einer Überdeckung von 40 Prozent als der Realität am nächsten heraus, im Prinzip gültig für drei Viertel aller Frontalkollisionen. Sie verursachen durch die konzentrierte Krafteinwirkung am Fahrzeug erheblich größere Verformungen als der Aufprall auf der gesamten Fahrzeugbreite, weil eine kleinere Fläche die Energie des gesamten Aufpralls verarbeiten muß. Die Mercedes-Benz AG ist stolz darauf, daß ihre Autos diesen schweren Test so souverän verarbeiten wie den, vom Gesetzgeber geforderten, leichteren. Ein spektakulärer Crash-Vergleich der Zeitschrift „auto motor und sport" im September 1990 – durchgeführt mit Autos der oberen Mittelklasse – bestätigte dies: Von den Kandidaten Fiat Croma, Honda Legend, Opel Omega, Volvo 760, Nissan Maxima, Renault 25, BMW 520i und Mercedes 200 erfüllten nur die beiden letzteren den Anspruch, die Insassen bei einem asymmetrischen Frontalaufprall mit relativ leichten Verletzungen davonkommen zu lassen.

Energie und Umwelt

Mit einem Paukenschlag waren alle aktuellen Sorgen, die Wirtschaftslage betreffend, Schnee von gestern: Als am 17. Oktober 1973 die erdölfördernden Länder aus dem arabischen Raum beschlossen hatten, die Ölförderung um fünf Prozent zu drosseln und solche Staaten gar nicht mehr oder nur noch teilweise zu beliefern, die mit Israel in freundschaftlichen Beziehungen standen, veränderten sich die wirtschaftlichen Maßstäbe in der ganzen westlichen Welt, mit einiger Verzögerung auch in der östlichen. Zunächst drohte das Öl auszugehen. Sparmaßnahmen, wie die berühmten autofreien Sonntage im Spätherbst 1973, beschäftigten die Menschen in der Bundesrepublik. Viel wichtiger aber waren die veränderten Rahmenbedingungen der Normalisierung nach dieser Krise: Der Preis für Rohöl hatte sich verdoppelt. In der Ölbilanz für die Bundesrepublik wirkte sich das als eine Steigerung des Einfuhrpreises um 172 Prozent aus: 223,87 DM je Tonne Rohöl im Jahr 1973 gegenüber 82,20 DM im Jahr zuvor. Zu jener Zeit machte sich Angst breit, die arabischen Länder könnten der westlichen Welt den Ölhahn zudrehen. Erstmals dachte man intensiv über alternative Energien nach, die Kernkraft war noch weitgehend unumstritten. Der Anteil des Nahen Ostens an der Erdölförderung lag bei 37,7 Prozent, die Bundesrepublik erhielt von dort allerdings 75 Prozent ihres Erdölbedarfs. Zum Vergleich: 1989 förderte der Nahe Osten 25,7 Prozent, die Bundesrepublik bekam von dort nur noch 47,2

Prozent des benötigten Rohöls. Der Einfuhrpreis lag 1989 bei 257,26 DM pro Tonne. (Alle Zahlen: Fischer-Almanach).

Daimler-Benz hatte, als diese Diskussion die öffentliche Meinung beherrschte, gerade seine neue S-Klasse, die Baureihe W 116, präsentiert. Mit Verbräuchen zwischen 16 und 19 Litern auf 100 Kilometern – der aktuelle Opel Rekord brauchte 10 Liter, der 1962 eingeführte Opel Kadett 8,5 Liter – stand der schöne Stern plötzlich nicht mehr so strahlend im Rampenlicht. Anders als bei der Sicherheitstechnik, um die sich die Forschung bei Daimler-Benz schon sehr früh bemühte, traf diese Entwicklung das Werk, wie jedermann im Land, völlig unvorbereitet. Immerhin kam der Anstoß zum neuen Bewußtsein noch so rechtzeitig, daß er von Anfang an in die Entwicklung der nächsten Baureihe hineinwirkte. Für den W 116 war es zu spät. Die Argumentation der Verkaufsstrategen zielte ganz auf Leistung und Komfort in Synthese mit maximal erreichbarer Sicherheit. Vom möglichst sorgsamen Umgang mit Energie oder gar von Umweltbelastungen war keine Rede, der Kunde sprach ebensowenig darüber wie die Öffentlichkeit. Eine Kostenfrage war der Benzinverbrauch für Nutzer der S-Klasse schon gar nicht.

Knapp sechs Jahre nach dem Ölpreisschock stand das Werk wesentlich besser da. Es konnte zur IAA 1979 mit den Wagen der Baureihe W 126 erste Erfolge vorweisen. Der Verbrauch war um zehn Prozent reduziert worden. 50 Kilogramm weniger Gewicht in der Rohkarosse, ein um 14 Prozent verbesserter cw-Wert, neue Motoren und die neue Viergang-Automatik – in allen V8-Modellen Serie – hatten das bewirkt. Es gab nun den Econometer, der Fahrer konnte permanent ablesen, wieviel Benzin er im Augenblick verbraucht, ein Stück Verantwortung wurde ihm damit übertragen (und mit der neuen Automatik eine Möglichkeit genommen, unüberlegt zu viel zu verbrauchen). Der Stolz der Entwickler: Die neuen Wagen waren nicht kleiner und nicht langsamer als die alten, aber sie waren sparsamer und in vielen Punkten, etwa bei der passiven Sicherheit, noch verbessert worden. Man wollte in Untertürkheim eben nicht mit Sparversionen auf die neuen Anforderungen reagieren.

Die nächste Herausforderung traf Mercedes nicht mehr unvorbereitet. Katalysatoren wurden schließlich schon in Exportmodelle eingebaut. Auf dem heimischen Markt fehlte es bis Mitte der achtziger Jahre am für ihre Verwendung notwendigen bleifreien Sprit und natürlich auch an der Nachfrage. Als seinerzeit Zusammenhänge des plötzlich sichtbaren Waldsterbens mit – unter anderem – den Autoabgasen bekannt wurden, geriet die Automobilindustrie in Bedrängnis. Viele Kritiker trauten den Ankündigungen nicht, sehr schnell den Katalysator auf breiter Front einzuführen. Der Dreiwegekatalysator wandelt bekanntlich unverbrannte Kohlenwasserstoffe (HC), Kohlenmonoxid (CO) und Stickoxide (NOx) auf chemischem Wege fast vollständig in unschädliche Bestandteile um (nicht aber Kohlendioxid, das, obwohl gesundheitlich an sich unbedenklich, für den gefürchteten Treibhauseffekt sorgt. Dieses Thema wurde Ende der achtziger Jahre aktuell). Schon 1985 führte das Werk den Katalysator als Sonderwunsch ein, ab dem 1. September 1986 hatte jeder Mercedes den Kat serienmäßig eingebaut. Damit hatte das Werk eine Vorreiterrolle übernommen, schnell ging es aber auch bei den anderen deutschen Herstellern, selbst bei denen mit wesentlich höheren Stückzahlen.

Während die Reiselimousinen der Baureihe W 126 von Kritik unbehelligt ihre führende Rolle spielten – in der zweiten Phase ihrer Produktionszeit auf dem heimischen Markt bedrängt allein vom frischen Siebener-BMW – beschäftigten ganz neue Umweltthemen die Entwickler bei Mercedes. Die erste Pressemappe zur neuen S-Klasse, verteilt noch vor der Präsentation in Genf 1991, macht dies deutlich. In der Aufteilung ist nun unterschieden zwischen „Abgastechnik" und „Umwelttechnik". Bei den Abgasen brachte der Neue eine bedeutende Weiterentwicklung. Durch veränderte Zündungssteuerung produzieren die Maschinen in der Startphase besonders heiße Abgase, damit der Katalysator sofort und nicht wie gewöhnlich erst nach drei Minuten Motorlaufzeit auf Betriebstemperatur kommt. Damit soll die Lücke der Abgasentgiftung in der Kaltstartphase geschlossen werden, gelungen ist dies etwa zu 50 Prozent. Nach 60 bis 90 Sekunden nämlich erreicht der Kat nun seine Wirkung. Danach wird die spezielle Motoreinstellung wieder aufgehoben. Außerdem wurden die Katalysatoren größer, der Platz dafür war von vornherein eingeplant.

Der Begriff „Umwelttechnik" ist in der Selbstdarstellung der Firma nun nicht mehr der längst selbstverständlichen Abgasentgiftung vorbehalten, sondern für die Verwendung umweltverträglicher Materialien im Automobilbau reserviert. Das Thema war plötzlich „da". Haben die Verkaufsstrategen in Untertürkheim es geahnt, gewußt oder haben sie sogar dabei geholfen? Jedenfalls wurde das Autorecycling gerade in den Monaten vor der Präsentation der neuen S-Klasse in allen Medien behandelt, Bundesumweltminister Klaus Töpfer forderte das Autopfand und Rückgabepflicht. Wie gut, wenn man dabei schon etwas vorweisen kann.

Schon länger hatten sich die Techniker um den Ersatz umweltgefährdender Stoffe durch umweltverträgliche bemüht. In jedem einzelnen Falle mußte die Alternative erprobt werden, was beweist, wie lange vor dem Termin der Vorstellung der neuen S-Klasse das Thema intern schon als wichtig erkannt worden war. Zum Beispiel Fluorchlorkohlenwasserstoffe (FCKW): Sie ließen sich gut verwenden im Automobilbau. Als ihre Wirkung auf die Erdatmosphäre erkannt war, mußten sie ersetzt werden. In Klimaanlage und Feuerlöscher sind jetzt Ersatzstoffe eingefüllt, bei der Herstellung von Sitzen, Kopfstützen und Verkleidungsteilen werden die Schäume nicht mehr mit FCKW, sondern mit Wasserdampf aufgetrieben. Die Polster enthalten nur noch wenig Schaum und jetzt viel mehr Naturmaterial. FCKW-Ersatzstoffe, die auch nicht völlig unbedenklich sind, kommen nur noch beim Integralschaum am Lenkrad zur Verwendung. Gestrichen wurde auch die Verwendung von FCKW im Karosseriebau – hier wurden sie früher benutzt, um Schweißstellen von Schweißperlen freizuhalten.

Nicht flächendeckend, aber intensiv dort, wo es nötig ist, so will Mercedes den Rohstoff Zink verwenden. Ein kleiner Seitenhieb gegen die Konkurrenz mit ihren vollverzinkten Karossen, vor allem gegen die aus Ingolstadt. Die Langlebigkeit der Mercedes-S-Modelle spricht dafür, daß hier nicht aus der Not eine Tugend gemacht wurde.

Recycling ist bei den Autos der neuen S-Klasse schon praktiziert worden, wenn sie noch nagelneu im Verkaufsraum stehen. Einige Kunststoffteile, vor allem Abdeckungen, sind nämlich aus Regranulat hergestellt. Generell werden nur recyclingfähige Kunststoffe verwendet – Ausnahme sind Teile mit einem Gewicht unter 100 Gramm – und diese nur dort, wo es sinnvoll ist, etwa bei den Abdeckungen gegen Steinschlag im Radlauf, im Schweller oder am Unterboden. Die Teile sind markiert und leichter demontierbar als früher. Nach dem neuesten Stand des Wissens um Umweltverträglichkeit richtet sich auch die Verwendung von Bremsflüssigkeit, Motoröl und Batterien. Ist der schöne Mercedes am Ende seiner Wegstrecke angekommen, wird er, so versprechen es die Techniker des Hauses, rückstandsfrei entsorgt. Nach Entfernung des wiederverwertbaren Kunststoffes wird der ganze Rest eingeschmolzen. Kunststoff, der nicht wiederverwertet werden kann, verbleibt im Schmelzpaket und sorgt dort durch seinen Wärmeinhalt für eine günstigere Verbrennung.

Immer mehr Beachtung findet die Umweltverträglichkeit im Herstellungsprozeß. Hier konnte Mercedes-Benz zum Zeitpunkt der Vorstellung des W 140 ebenfalls einige Schritte vorweisen, sie sind näher erläutert im Kapitel über das Werk Sindelfingen. Dies alles ist respektabel, kann aber einen Minuspunkt des neuen Autos auf diesem für alle Menschen wichtigen und deshalb in der Öffentlichkeit so sensibel behandelten Punkt nicht verwischen: das neue Modell ist nicht, wie einst der W 126 gegenüber dem W 116, sparsamer, sondern es verbraucht mehr als der Vorgänger.

Die aktuelle S-Klasse setzt auch in ökologischer Hinsicht neue Maßstäbe

Steilkurve nach oben

Mitte der sechziger Jahre plagten Daimler-Benz im Gegensatz zu anderen Herstellern weniger Absatzprobleme – man befand sich 1965 in der Bundesrepublik Deutschland immerhin in einer ersten Rezession nach jahrelangem Wirtschaftswunder – sondern vielmehr die Personalkosten. Tarifkonflikte in einer der Grundstimmung nach eher unruhigen Zeit hatten in der Bundesrepublik Spuren hinterlassen. Jedenfalls beklagt der Geschäftsbericht für das Jahr 1965, vorgelegt auf der 70. Jahreshauptversammlung, daß der Personalbestand um nur 3,8 Prozent, die Personalkosten aber um 13,9 Prozent gegenüber dem Vorjahr gestiegen waren. Zu dieser Zeit galt in der bundesdeutschen Metallindustrie noch die 41,25 Stunden-Woche, die 40-Stunden-Woche wurde zum 1. Januar 1967 eingeführt.

Die Pkw-Produktion war trotz der allgemeinen Krise – Mercedes-Kundschaft war offenbar davon nicht betroffen – auf 174 007 Stück angestiegen, ein Plus von rund 5 Prozent. Das entsprach auch der Umsatzsteigerung von 5,9 Prozent – jetzt war die Marke von 4 474 460 300 DM erreicht. Weit besser sah es – die Sorgen um die Personalkosten dürften da wieder geschrumpft sein – beim Reingewinn aus: mit 85 Millionen DM ein Anstieg um 16,6 Prozent. 63,05 Prozent des Umsatzes entfielen auf die Inlandsmärkte. Daimler-Benz war seinerzeit noch ein reiner Kraftfahrzeug- und Motorenhersteller. Nutzfahrzeuge mit dem Stern wurden unter anderem auch in Argentinien, Brasilien und Indien gebaut, Personenwagen in Südafrika aus komplett angelieferten Teilen montiert.

Ein Jahr später spielte immer noch die alte Heckflossen-Baureihe die dominierende Rolle im Pkw-Programm. 103 800 Einheiten, meist vom 200er, wurden hiervon gebaut und 88 125 Fahrzeuge der neu eingeführten S-Klasse. Während die gesamte deutsche Personenwagenindustrie bei den Stückzahlen mit einem Minus von fünf Prozent leben mußte, verbuchte Mercedes ein stattliches Plus von 10,1 Prozent. Der größte Teil des Zuwachses ging allerdings auf das Konto des Exports. Abseits aller Tagespolitk – am 30. November 1966 mußte Bundeskanzler Ludwig Erhard zurücktreten, die große Koalition zwischen CDU/CSU und SPD unter Bundeskanzler Kurt-Georg Kiesinger wurde gebildet – stellte der Geschäftsbericht von Daimler-Benz trocken fest: „Nach der Befriedigung des großen Nachholbedarfs in der Motorisierung nach dem Krieg hat die deutsche Automobilindustrie nunmehr einen Stand erreicht, bei dem sich die normalen Zyklen der Konjunktur auch auf diesen Industriezweig ausweiten ..." Der Umsatz durchbrach 1966 die Schallmauer von fünf Milliarden DM, der Gewinn näherte sich mit 91 Millionen ebenfalls einer neuen Schallmauer.

Ungeachtet wirtschaftlich schwieriger Zeiten ging Mercedes also seinen Weg. Da war es fast schon ein Rückschlag, als 1967 der Gewinn stagnierte. Solches hatte man in Untertürkheim selten erlebt, in den Zentralen anderer Autofirmen wäre man froh darüber gewesen. Der Personalbestand war allerdings um rund 3500 auf 79 832 Beschäftigte abgebaut, damit war es auch gelungen, die Personalkosten merklich zu senken, um 203 Millionen DM auf 1,169 Milliarden. Die Pkw-Produktion hatte sich auf über 200 000 Stück gesteigert, die S-Klasse hatte daran einen Anteil von 86 000 Fahrzeugen. Inzwischen war die neue Baureihe 200 bis 250 (W 115) auf dem Markt und führte den Erfolg der Vorgänger weiter. Für die Stagnation bei Umsatz und Gewinn war eindeutig ein Einbruch im Nutzfahrzeuggeschäft verantwortlich.

Nach Europa hatte sich in diesen Jahren der nordamerikanische Markt zum zweitgrößten Exportmarkt entwickelt. In Mittel- und Südamerika, in Asien und Afrika gingen die Geschäfte recht gut, sogar in Australien. Ein Zitat aus dem Geschäftsbericht: „Die Lieferungen an unsere Vertriebsgesellschaft in Australien stiegen um 39,2 Prozent auf 40 Millionen DM, obwohl gerade auf diesem Markt die japanische Konkurrenz mit niedrigen Preisen und großzügigen Kreditangeboten stark vertreten ist." Zwei Gesichtspunkte, die 12 bis

Hier wird letzte Hand angelegt. Der 250 SE vorn ist „eingekeilt" in Limousinen der „Heckflosse", die das Bild noch bestimmen

15 Jahre später den heimischen Automobilmarkt, wenn auch noch nicht für Mercedes, gründlich verändern sollten ...

Gegen Ende der sechziger Jahre schrieb nicht nur Mercedes schwarze Zahlen, die gesamte deutsche Automobilindustrie hatte sich erholt. Ihre Gesamtproduktion war 1969 um 450 000 auf 3 312 539 Fahrzeuge gestiegen, bei Daimler-Benz war man im selben Jahr bei 256 713 Pkw angelangt, gut 40 000 mehr als 1968. Wieder gingen hier die Geschäfte besser als bei den anderen Herstellern. In jener Zeit gab es eine Reihe von Firmenübernahmen. Glas war schon 1966 zu BMW gekommen, NSU und Audi als Erbe der Auto-Union wurden 1969 mit Volkswagen zu einem Konzern verschweißt, deutliche Folgen der gerade überstandenen Rezession. Indirekt war auch Daimler-Benz daran beteiligt, man hatte 1965 die Auto-Union an VW abgetreten. Die großen Transaktionen im Namen des Mercedes-Sterns fanden auf dem Nutzfahrzeugmarkt statt: 1968 übernahm Daimler-Benz die Lkw-Vertriebsorganisation von Krupp und 1969 mit Hanomag-Henschel gleich eine ausgewachsene und traditionsreiche Firma.

1969 beschäftigte die Daimler-Benz AG fast 100 000 Menschen im Inland, machte einen Umsatz von 7,3 Milliarden und erreichte einen Gewinn von 129 Millionen DM.

Die siebziger Jahre

An positive Zahlen hatten sich die Aktionäre der Ordentlichen Hauptversammlung längst gewöhnt, als der Konzern in die siebziger Jahre steuerte. Natürlich muß bei Umsatz und Gewinn eine gewisse Geldentwertung eingerechnet werden. Die steigende Zahl der Pkw-Produktion aber – im Gegensatz zu den Nutzfahrzeugen bei Daimler-Benz nahezu keinen konjunkturellen Schwankungen unterworfen – macht an Hand der geschaffenen Werte die überaus gesunde Lage der Firma deutlich. 1970 wurden 280 419 Personenwagen gebaut, 1975 waren es 350 098. Die Grenze von

In der Endmontage: Die ersten Mitfahrer der neuen Autos sind die Arbeiter. In den sechziger Jahren wurde noch viel mit der Hand geschweißt

300 000 wurde erstmals 1972 überschritten. Der Anteil der S-Klasse (in der Statistik des Geschäftsberichts als „Oberklasse und Sonderklasse" bezeichnet und die SL-Typen einbeziehend) schwankte in diesen Jahren. 1972 war er mit 26 Prozent besonders hoch, sonst lag er meist bei 20 bis 22 Prozent. Der Umsatz entwickelt sich zwischen 1970 und 1975 von 11,6 Milliarden auf 20,3 Milliarden DM, der Reingewinn von 140 Millionen auf 202 Millionen DM. Interessant auch der durchschnittliche Finanzaufwand pro Kopf der Belegschaft: 19 006 DM im Jahre 1970, 38 108 sechs Jahre später. Wobei der nahezu doppelte Betrag nicht nur auf Lohnsteigerungen für den Einzelnen zurückzuführen ist, sondern auch auf eine größere Zahl höher qualifizierter Arbeitsplätze. Beim Umsatz pro Kopf sehen die Zahlen so aus: Er steigt von 87 000 auf 141 000 DM. 116 985 Mitarbeiterinnen und Mitarbeiter umfasst die Belegschaft der Daimler-Benz AG (ohne die in- und ausländischen Beteiligungsgesellschaften) 1970, 122 775 sind es 1975. Die Personalaufwendungen werden mehr als verdoppelt in dieser Zeit: sie steigen in der genannten Zeitspanne von 1,9 Milliarden auf 4,6 Milliarden DM.

Der Ölpreisschock des Jahres 1973 machte der deutschen Automobilindustrie und der gesamten Wirtschaft sehr zu schaffen. Die weltweite Rezession 1966/67 sowie die Aufwertung der DM Anfang der siebziger Jahre hatten das Exportgeschäft erheblich erschwert. Diesem negativen Gesamttrend kann Daimler-Benz positive Zahlen entgegensetzen. Immerhin fällt in die generell kritische Phase auch die Einführung der zweiten Generation der S-Klasse.

Modellwechsel im Jahre 1975: Die neuen „Kleinen", der W 123 – die Typen 200 bis 300 – wappneten das Werk für die kommenden Jahre. Der neue Wagen half wesentlich, die Produktionszahlen bis 1977 über die 400 000 zu bringen, eine markante Höchstmarke war erreicht. Tatsächlich gab es ein Jahr später einen kleinen Rückgang, ab 1979 – im Herbst war Premiere der dritten S-Klasse-Generation – wurden die 400 000 regelmäßig überschritten. Neu war außerdem die Baureihe der Geländewagen, hergestellt in Österreich zusammen mit Steyr. Und auch der Rückgang von 1978 war keine Folge eines nicht mehr attraktiven Programms, sondern der Tarifauseinandersetzungen. Daimler-Benz war dreieinhalb Wochen von Streiks betroffen, bei generell voller Auslastung der Anlagen ohne jegliche Reserven ist ein solcher Produktionsausfall nicht wettzumachen, jedenfalls nicht in einem eingegrenzten Zeitraum. Wie groß der unmittelbare Schaden für eine Firma durch einen Streik wirklich ist, wird sich nicht feststellen lassen, weil keine Zahlen darüber vorliegen, wieviele potentielle Käufer auf Grund verlängerter Wartezeiten abspringen. Es spricht viel dafür, daß sich seinerzeit die meisten Mercedes-Kunden in Geduld geübt und auch noch im Folgejahr ihren Wagen in Empfang genommen haben. Immerhin gab es 1979 ein Plus von 27 000 Fahrzeugen (7,4 Prozent mehr). 1700 Autos wurden 1979 arbeitstäglich produziert, seit 1971 hatte der Ausstoß um 40 Prozent zugenommen. Der Schnitt für die gesamte deutsche Automobilindustrie lag für denselben Zeitraum bei einem Plus von 5 Prozent! Der Umsatz war 1979 bei 27,3 Milliarden DM gelandet, der Reingewinn bei 270 Millionen. 141 164 Menschen arbeiten 1979 in den inländischen Werken der AG.

Die japanische Automobilindustrie hatte längst Unruhe in die Branche gebracht. Vor allem in den USA und in Ländern ohne eigene Autoindustrie hatten die Japaner bereits Marktanteile von bis zu 25 Prozent, auch in der Bundesrepublik Deutschland machten sie den Massenherstellern zu schaffen. Diese Lage, so befürchtete der Geschäftsbericht für 1979, würde zur Folge haben, daß Importbeschränkungen der besonders betroffenen Länder – vor allem der USA – verhängt würden, was wiederum auch Daimler-Benz treffen könnte. Auch über die Möglichkeit japanischer Montagewerke in Europa als Folge von Importbeschränkungen war man bei Mercedes nicht glücklich, schuf dies doch Kapazitäten, die dem eigenen Haus irgendwann gefährlich werden könnten. Unmittelbar konnte japanische Konkurrenz seinerzeit dem Stern nichts anhaben, die Gewichte auf dem Weltmarkt aber hatten sich verschoben, dies registrierte der Geschäftsbericht sehr genau.

Die achtziger Jahre

„Das weltwirtschaftliche Geschehen des Jahres 1981 war durch hohe Zinsen, anhaltende Inflation, Stagnation und steigende Arbeitslosigkeit gekennzeichnet. Auch in weiten Bereichen der deutschen Wirtschaft setzte sich der konjunkturelle Abschwung fort. Insbesondere die Inlandsnachfrage ging zurück; nur die kräftige Expansion der Exporte verhinderte einen tieferen Einbruch in die gesamtwirtschaftliche Produktion und Beschäftigung. Dabei kam den deutschen Exporteuren die Verbesserung ihrer preislichen Wettbewerbsfähigkeit durch günstige Wechselkurse der D-Mark zugute."

So beginnt der Geschäftsbericht für das Jahr 1981. Eine nüchterne Analyse der Lage. Um so schöner für die Aktionäre, daß sie im folgenden Absatz Gutes zu hören bekamen, was die Lage des Hauses anging. Stetiges Wachstum auch jetzt, Festigung der Marktposition sowohl auf dem Personenwagen- wie auf dem Nutzfahrzeugsektor. Um 5,6 Milliarden DM hatte sich der Konzernumsatz erhöht und 36,7 Milliarden erreicht. Die Daimler-Benz AG allein ohne in- und ausländische Beteiligungsgesellschaften schaffte 29,1 Milliarden Umsatz. 14,4 Milliarden davon erwirtschafteten die Personenwagen, 13,7 die Nutzfahrzeuge. Der Export hatte das Wachstum möglich gemacht, denn im Inland spürte auch Daimler-Benz die ungünstige Situation. Auch dazu die knappe Aussage des Geschäftsberichts: „Im deutschen Pkw-Markt verminderten sich die Neuzulassungen 1981 um 4 Prozent auf 2,33 Millionen. Sie lagen damit um 12,5 Prozent unter dem bisherigen Höchststand des Jahres 1978. Ursache des abermaligen Rückgangs waren u.a. die Belastung der privaten Haushalte durch höhere Energiepreise, das hohe Zinsniveau und die allgemein pessimistische Einschätzung der wirtschaftlichen Entwicklung." Für Mercedes bedeutete das bei den Inlandszulassungen ein Minus von 2000 Fahrzeugen, 239 000 statt 241 000 im Jahre 1980. Neue Modelle in diesem Jahr waren die großen Coupés 380 SEC und 500 SEC. Immerhin ein Drittel aller 1981 produzierten Pkw entfiel auf die S-Klasse (mit SL), 95 804 von insgesamt 293 743 Einheiten. Einen Gewinn von 304 Millionen DM konnten die Aktionäre trotz aller dunklen Wolken am Wirtschaftshimmel registrieren, sie werden es dankbar getan haben.

Zwei Jahre später hatten sich die Zeiten gebessert. In den meisten westlichen Ländern kam es zu einer wirtschaftlichen Wiederbelebung, wie es der Geschäftsbericht für 1983 einleitend nennt. Das konnte nur sehr Gutes für Daimler-Benz bedeuten, der Reingewinn erreichte 1983 dann auch 355 Millionen DM und kletterte immer weiter. 40 Milliarden DM Umsatz insgesamt, davon 32,2 bei der AG wurden erwirtschaftet. Unter den 476 183 hergestellten Personenwagen waren 109 837 der neuen 190er-Baureihe. Im Dezember 1982 war sie als drittes Standbein eingeführt worden, ein wichtiges Ereignis in der Geschichte des Hauses. 1984 folgte die neue mittlere Baureihe (W 124).

Anhaltender Konjunkturaufschwung in den Industrieländern ließ es der Autobranche im allgemeinen und Mercedes im speziellen in der zweiten Hälfte der achtziger Jahre wohl ergehen. Auch den Menschen ging es gut in der Bundesrepublk Deutschland, der private Verbrauch gab der Wirtschaft entscheidende Wachstumsimpulse. Nicht ganz ungetrübt war die Lage im Exportbereich, der Verfall des Dollarkurses macht auf dem US-Markt den Importeuren das Leben immer schwerer. Auf allen anderen Exportmärkten aber stieg der Mercedes-Verkauf. Bei Daimler-Benz wuchs unter diesen Vorzeichen der Umsatz weltweit und im Gesamtkonzern auf über 67 Milliarden DM, 50,9 davon resultierten aus dem Automobilgeschäft. Weltweit arbeiteten 326 300 Frauen und Männer im Zeichen des Sterns, im Inland waren es 262 658 Beschäftigte. Nur ein paar Autos fehlen 1987 an der Schallmauer von 600 000 Personenwagen, 598 079 sind es geworden. Die S-Klasse (mit SL) ist mit 97 437 Fahzeugen dabei, gut 4000 weniger als im Jahr zuvor. Der Reingewinn kletterte auf 701 Millionen DM.

Das 100jährige Bestehen des Automobils hatte man ein Jahr zuvor groß gefeiert. Ein weiteres Jahr zurück, 1985 , hatte es eine für die Firma epochale Entscheidung gegeben: Die MTU Motoren- und Turbinen-Union wurde vollständig übernommen, an AEG und Dornier wurden Beteiligungen erworben. Ein wesentlicher Schritt weg vom reinen Automobilkonzern hin zum Mischkonzern, eine Entwicklung, die 1989 in der Neugliederung der Daimler-Benz AG ihren vorläufigen Abschluß fand. Schwankungen im Bilanzgewinn zum Ende der achtziger Jahre hatten ihre Ursache in Dollarproblemen und im Finanzbedarf der neuen Konzernteile.

Eine Daimler-Benz AG ohne Umsatz, diese auf den ersten Blick unvorstellbare „Erscheinung" wurde der Umstrukturierung nur noch für die Holding, das „Dach" des Gesamtkonzerns, festgelegt wurde. Mercedes-Benz mit dem klassischen Autopart, die AEG, die Deutsche Aerospace und das im Juli 1990 gegründete Dienstleistungsunternehmen Debis (Daimler-Benz InterServices) sind die vier Eckpfeiler des neuen Hauses. Unter dem neuen Dach wurden weltweit 76,4 Milliarden DM Umsatz gemacht, 54,9 davon standen auf den Konten von Mercedes-Benz. Zum ersten Mal seit langer Zeit mußte der Geschäftsbereicht leicht rückgängige Produktionszahlen bei den Personenwagen melden, der allgemeine Einbruch im Dieselgeschäft war dafür verantwortlich. An der S-Klasse hat es nicht gelegen, im Gegenteil, mit 62 100 Stück leisteten die großen Limousinen einen soliden Beitrag. 542 200 Autos waren es insgesamt in diesem Jahr. Trotz der Dieselflaute sorgten die Personenwagen für 42 Prozent des Umsatzes, die Nutzfahrzeuge für 30 Prozent. In Südafrika wurden 1989 insgesamt 10 356 Personenwagen montiert, darunter je 720 vom 300 SE und vom 500 SE.

Die AEG steuerte 16 Prozent zum Umsatz bei, die Deutsche Aerospace 10,2 Prozent wurden unter „Sonstige" verbucht. 223 219 Menschen bauten 1989 bei Mercedes-Benz Autos, 368 226 standen insgesamt in Lohn und Brot „beim Daimler", wie man in Stuttgart sagt.

Zum Ende der achtziger Jahre standen die Zeichen für die Automobilindustrie immer noch günstig, allerdings rückte nach Ansicht der Experten das schon mehrfach prophezeite weltweite Nachlassen der Nachfrage immer näher. Die politische Öffnung im Osten eröffnete 1989 unerwartet neue Perspektiven, wenn sich auch die Menschen in der ehemaligen DDR, in Polen, Ungarn, der Tschechoslowakei oder gar der Sowjetunion nicht gleich auf die S-Klasse stürzen werden. Speziell auf dem Sektor der automobilen Oberklasse beginnen die neunziger Jahre mit der Präsentation der neuen S-Klasse im Frühjahr 1991 für Mercedes-Benz jedenfalls positiv. 1989 lag der Bilanzgewinn des Gesamtkonzerns bei 560 Millionen DM. Welche Zahlen werden die neunziger Jahre kennzeichnen?

Hermann Josef Abs als Aufsichtsratsvorsitzender, Friedrich Flick und Herbert Quandt als seine Vertreter, dieses Trio prominenter Namen waltete seit den fünfziger Jahren seines Amtes. 1970 wurde Friedrich Flick Ehrenvorsitzender des Aufsichtsrates, Konrad Kaletsch von der Friedrich Flick KG rückte als erster Stellvertreter nach. 1972 führte Franz Heinrich Ulrich, Vorstandsmitglied der Deutschen Bank, den Aufsichtsrat, Hermann Josef Abs rückte ins Glied zurück und wurde ein Jahr später zum – weiteren – Ehrenvorsitzenden ernannt. Das ist er bis zum heutigen Tag. Als Nachfolger von Ulrich kam 1980 Dr. Wilfried Guth, ebenfalls Deutsche Bank, ihm folgte 1986 aus demselben Hause Dr. Alfred Herrhausen. Er übte das Amt bis zu seiner Ermordung am 30. November 1989 aus. Hilmar Kopper, Deutsche Bank, trat sein Erbe an.

Am 10. Februar 1966 wurde Dr. Joachim Zahn zum Vorstandsvorsitzenden bestimmt, damals noch in vornehmer Zurückhaltung „Sprecher" genannt. Er blieb auf dieser Position bis zum 31. Dezember 1979. Dr. Gerhard Prinz wurde sein Nachfolger. Er verstarb am 29. Oktober 1983 und Professor Dipl. Ing. Werner Breitschwerdt übernahm dieses Amt. Am 1. September 1987 folgte Edzard Reuter, der Mann, unter dessen Regie in der Folgezeit die Umstrukturierung des Konzerns über die Bühne gehen sollte. Sein Vertreter wurde zum selben Termin Dr. Werner Niefer. Im neuen Konzern vertritt er in dieser Funktion den Unternehmensbereich Mercedes-Benz.

Flott unterwegs auf schlechten Wegen ist dieser W 116

Von Stuttgart in die Berge ist es mit solch einer Limousine nur ein Katzensprung

Menschen und Maschinen

Das Werk Untertürkheim mit der Konzernzentrale und dem publikumsträchtigen Museum ist in den Augen des breiten Publikums das Mercedes-Werk schlechthin. Für Besitzer eines Mercedes hat noch ein anderer Produktionsstandort einen besonders guten Klang: Sindelfingen. Hier nämlich ist nicht nur Karosseriebau und Endmontage, vor allem auch der S-Klasse, sondern auch die Kundendiensteinrichtung der Neuwagenübergabe an die stolzen Besitzer, verbunden natürlich mit einer ausführlichen Werksbesichtigung. Zwangsläufig umgeht sie einen Bereich, der die Besucher eigentlich am meisten interessiert, nämlich den Entwicklungsbereich für Aufbauten und Stilistik. Die vielen geheimnisvollen Dinge, die im berühmten Kuppelbau, in den angrenzenden Hallen oder im Innenhof vor frühzeitiger Entdeckung geschützt werden, machen auch einen Teil des Werkes Sindelfingen aus.

Forschung im Detail: Festigkeitsprüfung am Karosseriekörper

Anders als das Werk Bremen, das mit Sindelfingen die Montage der PKW, zum Teil im Verbund, abwickelt, ist das Werk Sindelfingen einer der alten Standorte der Firma und feierte 1990 sein 75jähriges Bestehen. Entstanden ist dieses Werk noch vor der Fusion von Daimler und Benz, nämlich in der Zeit von 1915 bis 1917, mitten in der Phase der Rüstungsproduktion und zwar als Produktionsstätte der Daimler-Motoren-Gesellschaft. 350 Arbeitskräfte nahmen die Herstellung von Flugzeugen und Motoren auf. 1918 arbeiteten in Sindelfingen schon 5616 Menschen. Sie sahen nach dem Frieden von Versailles einer unsicheren Zukunft entgegen, denn der Flugzeugbau war Deutschland im Friedensvertrag untersagt worden. Man improvisierte, unter anderem wurden sogar Schlafzimmereinrichtungen hergestellt! 1919 kam Sindelfingen erstmals intensiv mit dem Auto in Berührung: Karosserien für den offenen Tourenwagen Typ 16/45 PS wurden gefertigt.

Die Fusion 1926 brachte dem Standort Sindelfingen großen Auftrieb. Der gesamte Karosseriebau der neuen Daimler-Benz AG wurde dorthin verlegt, 1927 die Fließbandfertigung eingeführt. Eine erste große Blüte erlebte die Firma und damit auch das Werk Sindelfingen von 1933 bis 1939 mit dem Modellprogramm 170 bis 770. Der Ausbruch des Zweiten Weltkrieges brachte wieder Rüstungsproduktion in die Hallen, Flugzeugteile verdrängten die Fahrzeugaufbauten. 1943 wurden die Gebäude bei Luftangriffen zu 80 Prozent zerstört, die Maschinen zu 50 Prozent.

Doch schon kurz nach Kriegsende gab es wieder Arbeit für Sindelfingen. Die Siegermächte ließen ihre Autos hier reparieren, ehe es mit dem 170 V im Spätherbst richtig losging. Zunächst liefen nur Nutzfahrzeuge von den improvisierten Bändern, nämlich der Kastenwagen und Kombi aus der Vorkriegszeit. Auch Omnibusaufbauten und LKW-Fahrerhäuser wurden in dieser Zeit hier gebaut.

Der Wiederaufbau brachte eine grundlegende Neuerung für Sindelfingen und wurde zum Grundstein für die spätere Stellung des Werkes im gesamten Unternehmen: Karosseriebau und Endmontage waren jetzt hier zusammengefaßt, der Transport der fertigen Aufbauten nach Untertürkheim und Mannheim zur

Dr. Rudolf Uhlenhaut

Endmontage entfiel, von jetzt an kamen die Einbauteile nach Sindelfingen. Preßwerk, Karosserierohbau, Lackierung, Ausstattung und Montage sind seitdem die Bereiche des Werkes. Mit dem 170S durchlief 1949 die erste Nachkriegsentwicklung die Endkontrolle, 1952 gab es mit dem 100 000. Wagen des Typs 170 das erste Produktionsjubiläum seit der Neuorganisation der Werke. Beim Ausbau 1950 wurde der Zweischichtbetrieb eingeführt. Es ging nun Schlag auf Schlag, die neue Generation kam in Form des 180, der 300 SL folgte, die 220er-Reihe und dann, im Jahre 1959, die Heckflosse.

Als 1965 der Typ W 108 aus dem Entwicklungsbereich in die Montagehallen übergewechselt war, fand gleichzeitig eine umfangreiche Umstrukturierung ihren Abschluß. Die Montageflächen des Werkes waren in den zurückliegenden zwei Jahren um 40 Prozent vergrößert und dabei eine große Halle in zwei Bauabschnitten vollendet worden. Die monatliche Kapazität war auf 15 000 Fahrzeuge angewachsen. Schon ein Jahr später lag sie bei exakt 17 075. Im Jahre 1968 arbeiteten im Werk 22 887 Menschen (1990 waren es rund 45 000). Im selben Jahr schraubt der neue W 115/116, die Mittelklasse von 200 bis 250, den Jahresausstoß auf 216 284 Einheiten.

Im Karosseriebau kommt jetzt ein Verfahren zum Einsatz, das 1960 bei einem Modell des damaligen 220 S erprobt und als noch nicht serientauglich eingestuft werden mußte: Klebetechnik statt Schweißen im Karosseriebau, jedenfalls bei Falzverbindungen. Permanent wird in die Werkshallen investiert, 1970 zum Beispiel gingen 22 Großpressen und 10 Exzenterstanzen in Betrieb.

Der nächste produktionstechnische Meilenstein wurde zusammen mit dem W 116 gesetzt. Das Schweißen ging in die „Hand" von Robotern über. Die Seitenwände der S-Klasse wurden jetzt auf diese Weise zusammengesetzt, ein großer Schritt zur Automatisierung der Produktion. Zunächst war die Anlage noch typgebunden, gegen Ende der siebziger Jahre hatte die flexible Automatisierung Einzug gehalten. Drei Ziele hatten die Produktionsplaner damit erreicht: Die Personalkosten waren gesenkt, eine schwere Arbeit der Belegschaft abgenommen, von Entlassungen konnte bei Daimler-Benz dennoch keine Rede sein, und die Qualität war verbessert, weil kein Mensch eine so monotone Arbeit ebenso exakt ausführen kann wie die Maschine. Dagegen standen hohe Investitionskosten und die Notwendigkeit besonders qualifizierten Personals.

1978 ist ein wichtiges Jahr in der Personenwagenproduktion von Mercedes: Erstmals kamen fertige Pkw auch aus einem anderen Werk. Der in Sindelfingen mitentwickelte und in einer Nullserie dort noch gebaute erste Kombi in der Typengeschichte, das T-Modell der Baureihe 123, ging im Werk Bremen in Produktion. Von dort nach Düsseldorf verlegt wurde die Herstelleung der Transporter. Seit 1982 bewältigen dann Sindelfingen und Bremen die schwierige Aufgabe, einen Wagen gemeinsam im Verbund zu produzieren. Der 190 (W201) wird zum gelungenen Beispiel einer nahezu minutiös aufeinander abgestimmten Zusammenarbeit zweier großer Fabriken mit gegenseitigen Lieferungen über weite Entfernungen. Im Karosserierohbau gehen Vorbau, Dach, Kotflügel, Heckdeckel, Heckwand und Mittelstück vom Schwabenland an die Nordseeküste auf die Reise, den umgekehrten Weg nehmen Türen, Motorhaube, Boden und Tank. Der schon seit 1948 praktizierte Verbund mit dem Werk Untertürkheim in unmittelbarer Nachbarschaft lassen Motoren, Getriebe und Achsen nach Sindelfingen rollen, von anderen Werken kommen Lenkungen, Pedalanlagen, Innenausstattungsteile und weitere Kleinteile. Dieser Verbund läuft nur in Richtung Sindelfingen.

Die neue S-Klasse des Jahres 1979, der W 126, erhielt eine große, modernst ausgebaute Montagehalle. Auch Preßwerk und Lackiererei wurden in diesem Zeitraum erheblich erweitert. 1979 liefen 422 159 Einheiten vom Band, pro Arbeitstag 1569 Autos.

Mit den neuen Achtzylindermotoren machten kurvenreiche Landstraßen noch mehr Spaß

Auf großer Fahrt: Alpentransfer in den sechziger Jahren

1979 brachte der Belegschaft mit dem Hängedrehförderer eine epochale Neuerung. Die optimale Arbeitsstellung ist individuell veränderbar

8

Das paßt zusammen: Der große Mercedes und das eigene Segelflugzeug

Drei Generationen der S-Klasse vor romantischer Kulisse: 280 SE 3.5, 250 S, 280 SE und 300 SE

In den siebziger Jahren war die S-Klasse in Spanien eine seltene Erscheinung

Einzelarbeitsplatz im Bereich Rohbau: Alle zehn Minuten eine Seitenwand

Wo rund 45 000 Menschen – davon 1300 in Ausbildung – arbeiten (Stand 1990), herrscht ein eigenständiges Leben, wie in einer auf die Funktion des Arbeitens beschränkten Stadt.

Einige Zahlen aus einer Werksbroschüre, herausgegeben zum 75jährigen Bestehen des Werkes am 6. Juli 1990: die Verpflegungsbetriebe geben binnen einen Jahres in den vier Kantinen zweieinhalb Millionen Essen aus, 30 Kioske und Selbstbedienungsläden sind über das Werksgelände verteilt. 11 Ärzte und 43 andere medizinische Fachkräfte tun Dienst. Die Belegschaft kommt aus 900 Gemeinden im Umkreis von bis zu 120 Kilometern, selbst für eine wirtschaftlich so gesunde Region wie das Schwabenland ist dies ein bedeutender Faktor.

Wachsende Erkenntnisse und Sensibilität in Umweltfragen ließen die Ökologie in den achtziger Jahren vor allem im Zusammenhang mit dem Produktionsprozeß immer wichtiger werden. Zur Präsentation der neuen S-Klasse von 1991 (W 140) zieht Mercedes-Benz dazu folgende Bilanz: Der Frischwasserbezug pro produziertem Auto war auf 4 Kubikmeter zurückgegangen (Ausgangspunkt der Bemühungen war ein Verbrauch von 22 Kubikmeter pro Auto im Jahre 1958). In der Galvanik, wo die Oberflächen verzinkt, verkupfert, vernickelt oder verchromt werden, sank der Wasserverbrauch von 77 Litern pro Quadratmeter galvanisierter Fläche zu Anfang der siebziger Jahre auf 12 im Jahre 1990. Im Jahre 1988 wurden in Sindelfingen dennoch 1 791 000 Kubikmeter Wasser vebraucht, je ein Drittel davon im allgemeinen Sanitärbereich und ein Drittel in der Lackiererei. Die Lacke an sich sind erwartungsgemäß ein sehr sensibles Umweltthema. Nach und nach werden in Sindelfingen in den neunziger Jahren Wasserbasislacke eingeführt, sie haben einen Anteil flüchtiger Lösungsmittel von 15 Prozent gegenüber 70 Prozent bei herkömmlichen Lacken. Die Baumaßnahmen für die komplette Umstellung – es werden unter

Vollautomatische Punktschweißanlage im Rohbau des Werkes Sindelfingen

anderem Trockner-Kabinen benötigt – waren allerdings zu Produktionsbeginn des W 140 noch in Gang. Täglich verarbeitet das Werk 40 Tonnen Lack. Für die konventionelle Lackierung sind zu diesem Zeitpunkt bereits Abluft- und Filtereinrichtungen mit Lösungsmittelrückgewinnungsanlagen im Betrieb.

Ziel der Umwelttechniker des Werkes ist es, überhaupt keine Abwässer aus der Produktion nach draußen gelangen zu lassen. Hieran arbeitet man noch. Woanders hatten sie schneller Erfolg: Die Kantinen des Werkes wurden 1991 von Wegwerfgeschirr auf Porzellan umgestellt. Auch ein Stück Umwelttechnik, der Abfallberg wurde reduziert. 1987 waren es 154 000 Tonnen Reststoffe insgesamt. Acht Prozent davon waren Hausmüll, fünf Prozent Sondermüll und 62 Prozent an Ort und Stelle wiederverwertbare Stoffe. Hier handelt es sich um eine erfreuliche Ausnahme des klassischen Konfliktes von Ökonomie und Ökologie, denn hier hat der Industriebetrieb auch finanziell etwas von seinen Bemühungen um Umweltschutz.

Das klassische Mercedes-Gesicht. Erinnerungen an die Heckflosse werden beim W 108/109 deutlich

Endmontage in Sindelfingen. Der Augenblick der „Hochzeit“ steht kurz bevor

Sonderfälle

Eine nochmalige Steigerung der Exklusivität großer Mercedes-Limousinen bieten die Sonderanfertigungen. Ein Teil von ihnen diente und dient auch geschäftlichen Zwecken, die meisten aber der reinen Repräsentation. Zu letzteren gehören Lang- und Offenversionen der Autoveredler sowie Kombiaufbauten.

Kombiaufbauten

Mit Kombiaufbauten, und zwar in erster Linie für Bestattungsunternehmen, begannen die Sonderanfertigungen auf Basis der S-Klasse. Sie hatten ihre Vorgänger in Kombiaufbauten von 220 bis 300 SE aus der Baureihe der „Heckflossen"-Baureihe sowie der 220er der Ponton-Modelle. Gelegentlich hat es diese auch mit Krankenwagenaufbauten gegeben.

Pollmann in Bremen zählt zu den renommierten Karosseriebauunternehmen. Vor allem Bestattungswagen werden hier gefertigt, bis zum heutigen Tag auch auf Basis der S-Klasse. Selbst für spezielle Anforderungen erfüllende Karosseriebaufirmen stellen solche Aufträge die Ausnahme dar. In einem Pollmann-Prospekt Ende der sechziger Jahre werden für Bestattungswagen auf Basis der mittleren Baureihe W 115 (200 bis 240) konkrete Angaben gemacht, während für Interessenten der Großen zu lesen ist: „Limousinen vom Typ MB 250 oder 600 werden auf Wunsch umgebaut. Informieren Sie sich bitte vorher über die Ausrüstung der Federung, TÜV-Abnahme usw." Tatsächlich gab es einen vom 600 abgeleiteten Bestattungswagen, er lief in Hannover und zierte natürlich das Titelblatt des Pollmann-Prospektes. Auch Rappold in Wülfrath und Stolle in Hannover bieten bis heute Bestattungsfahrzeuge an, in den fünfziger und sechziger Jahren gab es noch eine Reihe weiterer Spezialisten.

Bestattungswagen auf Basis des W 108 waren formschön und ließen sicherlich hier und da den Wunsch nach einem Serienkombi wach werden. Allerdings war

Nicht unbedingt schön, aber sehr selten: Kombiumbau aus England

die Zeit noch nicht reif für komfortable Großkombi, noch hielt der Autofahrer ein solches Auto mehr für einen Lieferwagen. Nach dem wenig erfolgreichen Experiment mit dem Universal der Heckflossen-Baureihe aus belgischer Montage 1966/67 entschloß sich Mercedes erst 1978, einen Kombi zu bringen, und da war natürlich die kleinere Baureihe eher geeignet als die S-Klasse.

Wenn keine speziellen Bodengruppen zur Verfügung standen oder stehen – Mercedes lieferte solche ab der Baureihe W 124 – müssen die angelieferten Limousinen aufgetrennt werden. Kofferraumklappe und Wagenrückwand verschwinden dabei. Auf diesen wannenartigen Unterbau wird dann der spezielle Aufbau des Karossiers gesetzt, eine Gitterrahmenkonstruktion mit Blech- oder Kunststoffdach. In den aufwendiger konstruierten Versionen schließt der Neuaufbau die Partie der hinteren Seitentüren ein. Stilistisch brachte das die elegante, lange hintere Seitenscheibe. Mercedes-Bestattungswagen waren und sind, wenn das in diesem Zusammenhang überhaupt eine Rolle spielen darf, beliebt beim Personal. Vor allem für die weiten

Überführungsfahrten konnte und kann es kaum eine bessere Alternative geben.

Vom W 116 und W 126 fertigten auch ausländische Unternehmen Bestattungswagen an, etwa die in ihrer Branche sehr bekannte italienische Firma Dario Casale. Ihr Markenzeichen ist das besonders große seitliche Fenster.

Ein gewöhnlichen Zwecken dienender Kombiumbau kam schon in den siebziger Jahren aus England. Die renommierte Firma Crayford hatte den W 116 in ihrem Katalog, einen eleganten, hinter der C-Säule umgebauten Wagen mit schlichter Dachlinie.

Beim W 126 machten sich Autoveredler an die Kombiidee. Ein recht formschönes Exemplar bot die Hamburger Styling-Garage an, genannt 500 SGS-TE. Der Wagen hatte die Front des SEC.

Vornehmes Auto in pietätvollem Dienst: der W 116 als Leichentransportwagen

Langversionen

Je länger die Reichsten der Reichen – oder jene, die Reichtum gerne vorgeben – auf einen Nachfolger des legendären 600 warteten, um so stärker wurde der Wunsch nach einem adäquaten Ersatz. Diese Marktlücke erkannten zuerst die Autoveredler. Bekannt geworden ist der 600 SGS der Styling-Garage Mitte der achtziger Jahre. Die Typenbezeichnung erinnerte an den berühmten Vorgänger, war aber offiziell anders gemeint: Um stolze 600 Millimeter länger als die SEL-Basisversion war der Wagen geworden. Im Innenraum fehlte es an nichts, Clubatmosphäre wurde mitgeliefert. In der Preisliste der später vom Markt wieder verschwundenen Hamburger Firma steht zu jener Zeit der 600 SGS 5.0 mit 68 000 DM, gemeint ist natürlich der

Auch den W 126 gab es als Bestattungswagen vom Spezialisten Pollmann

Das ist kein Mercedes: 1000 SEL 5.0 Limousine heißt dieses Produkt der Firma Trasco.

Umbau. Es wurde auch ein SGS 800 angeboten, das Wachstum betrug hier 80 Zentimeter.

Trasco aus Bremen führte die Idee der Langversionen fort. Es wurden sogar solche mit Stern gesichtet, im Gegensatz zu den früheren Autos der Styling-Garage. Man konnte den Trasco 560 SEL sogar leihen: bei Inter-Rent kostete Ende der achtziger Jahre der Achtstundentag 1030 DM, inklusive Chauffeur. International tätig, auch was das Programm betrifft, ist die englische Firma Le Marquis, gern wird auf der Insel neben vielen anderen „Objekten" der W 126 verlängert und höchst individuell ausgestattet. Konkurrenz im eigenen Land kommt von Chameleon und Glenfrome mit seinem Mercedes 1000 SEL. Hier wurde die ganze hintere Türpartie verlängert. Stabilitätsprobleme kennen die Mercedes-Liomousinen offenbar nicht.

Groß und offen: W 126 Cabrioumbau von Lorenz und Rankl

Kabriolet

Noch seltener als Langversionen sind offene S-Klasse-Varianten. Als eine der wenigen Firmen bietet zum aktuellen Stand der feine deutsche Veredler Lorenz und Rankl einen solchen Wagen an. Die Firma hat sich unter anderem einen Namen gemacht mit der Eigenentwicklung Silver Falcon, einem Sportwagen auf Mercedes-Basis. Das sogenannte Vollcabriolet ist auf SEL-Modellen aufgebaut, verfügt über ein elektro-hydraulisch betätigtes Verdeck und ist ab 150 000 DM zu haben. Die Karosserie muß bei diesem Auto kräftig versteift werden, denn selbstverständlich hat es seine hinteren Türen behalten. Innere und äußerliche Verfeinerungen sind zusätzlich möglich.

Gepanzerte Fahrzeuge

Hier dürfte das Prestige beim Kaufentscheid kaum eine Rolle spielen. Denn die Panzerung erkennt nur der kundige Beobachter an den gegenüber der Normalversion etwas dickeren Chromeinfassungen der Fenster. Gepanzert werden die Wagen im Werk, Einzelheiten unterliegen der Geheimhaltung. Der starken Gewichtszunahme wegen dürfen solche Wagen mit Rücksicht auf die Reifen die Km/h-Marke von 180 nicht überschreiten. Das um ca. 50 Prozent höhere Gewicht fordert eben seinen Tribut.

Panzerungen gibt es auch von anderen Firmen zum nachträglichen Einbau. Auf diesem Gebiet hat sich Trasco ebenfalls einen Namen gemacht. Glas und Blech gegen Beschuß und Sprengung sowie den Boden zusätzlich gegen Sprengung zu sichern, verspricht der Umbauer. Die Wirksamkeit garantieren ständige Kontrollen durch das Staatliche Beschußamt in Ulm, wie ein Prospekt beruhigend erläutert. Mehr teilt auch Trasco zu dem sensitiven Thema nicht mit. Bei der Gestaltung wird Wert darauf gelegt, daß das gesicherte Fahrzeug vom ungesicherten nicht zu unterscheiden ist.

In Italien ist der Markt für derartige Ausrüstungen nach dem drastischen Anstieg von Terrorakten in den siebziger und achtziger Jahren stark angewachsen. Grazia aus Bologna hatte schon den W 116 im umfangreichen Programm, er befindet sich im Prospekt in guter Gesellschaft neben dem Range Rover und verschiedenen Geldtransportern. Italienischer Mitbewerber ist Fonauto. Auto blindata Mercedes Modell 450 SEL (gepanzerter PKW) heißt es verschwiegen im Katalog, ohne auf irgendein Detail einzugehen.

Direkt für den Polizeidienst richtete Mercedes seine schweren Limousinen der Baureihe W 126 auf Wunsch her. Das „Behörden- und Begleitfahrzeug S-Klasse" ist eine serienmäßig aussehende Normalversion mit umfangreicher Zusatzausrüstung. Funkgerät, Waffenhalter oder verschließbare Waffenbox, schnell montierbare Rundumleuchten und Springlichtanlagen auf den vorderen Stoßstangen – kleine blaue und rote Zusatzscheinwerfer – komplettieren den Wagen. Für den Personenschutz in der Bundeshauptstadt Bonn wurden S-Klasse-Modelle sogar S-Klasse als grün-weiße Streifenwagen ausgeliefert, wahrlich Stars unter den Polizeiwagen.

Ein W 116 für gehobene Sicherheitsansprüche nach Werksumbau

Behindertenfahrzeug

Im Stillen blüht eine kleine Branche mit einer sehr wichtigen Funktion. Behindertengerechte Ausstattung eines Personenwagens ist für Millionen das Mittel, sich mit sonst nie erreichbarer Mobilität am Leben aktiv beteiligen zu können. Generell kann jedes Auto mit Hilfseinrichtungen ausgerüstet werden, natürlich auch ein Mercedes. Einer der Spezialisten ist die französische Firma Kempf. Sie bietet für die S-Klasse Schiebetüren hinten und eine Halterung für den Rollstuhl zur Unterbringung während der Fahrt an. Noch wichtiger als dieser Karosserieumbau ist neben der weit verbreiteten Hand- die Elektrikbedienung. Vom Lenkrad aus werden über sechs kleine Knöpfe im Bereich des Drehknopfes Wascher, Wischer, Blinker, Licht und Hupe ein- und ausgeschaltet. Eine besonders leichtgängige Servolenkung soll Autofahren auch bei sehr geringer Energie in den Armen möglich machen.

Der W 126 mit behindertengerechter Ausrüstung von Kempf

Werkseinzelanfertigungen

Gelegentlich griff Mercedes selbst in die Werkzeugkiste und stellte ein Sondermodell auf die Räder. Besonders ausgefallen waren jene zwei W 116, mit denen von Wien nach Innsbruck zu den Winterspielen 1976 das olympische Feuer gefahren wurde. Im Gebirgsland Österreich hatte es sich als zu schwierig erwiesen, den traditionellen Fackellauf im Winter durchzuführen. Auf dem Mercedes war die Flamme vor Fahrtwind geschützt, erfuhr genügend Belüftung zur Wärmeabfuhr, der Dachaufbau war blendfrei beleuchtet, damit jeder einen Blick auf das heiße Gut werfen konnte. Der olympische Geist konnte in Innsbruck um sich greifen.

1985 übergab Daimler-Benz-Vorstandsvorsitzender Dr. Werner Breitschwerdt Papst Johannes Paul II. während einer Privataudienz einen 500 SEL. Dies war nicht der erste Mercedes im Fuhrpark des Vatikans. Der schwarze Wagen war mit Thronsessel und abhebbarer Plattform ausgerüstet, die es dem Papst ermöglichte, bei geöffnetem Schiebedach im Wagen zu stehen und sich zu zeigen. Vor Fahrtwind schützte ihn ein ausklappbares Windschutzschild. Ein nobles Geschenk.

Ein ganz besonderer Mercedes: Er trug 1976 im Wechsel mit einem baugleichen Wagen das olympische Feuer durch ganz Österreich nach Innsbruck

Die Inneneinrichtung des Papstautos

Dieses schöne Auto blieb dem Papst vorbehalten

Nicht jeder Stern glänzt

„Tunen und Lassen", mit dieser geistreichen Überschrift eröffnete einmal eine Fachzeitschrift eine Marktübersicht zu dem in den achtziger Jahren regelrecht explodierenden Markt der optischen und technischen Autoveredelung. In der Tat stießen die Aktivitäten der Branche von Anfang an nicht nur auf Zustimmung. Vor allem die optische „Veredelung" klassischer, von Haus aus harmonisch geformter Wagen hatte viele Autofreunde vor den Kopf gestoßen. Warum einen Mercedes SL, einen Porsche 911 oder gar einen Ferrari noch breiter machen, ihm andere Scheinwerfer verpassen und zusätzliche Spoiler aufsetzen? Die Tuner hatten und haben die Antwort schnell parat: Der Kunde will es haben, also wird es gemacht. Dagegen war nichts einzuwenden, einen guten Ruf hat sich die Branche in dieser Phase aber nicht geschaffen.

Auffällig, trotz Bemühens um dezentes Design, wirkt der W 126 von Brabus

Es kam nicht nur einmal vor, daß Daimler-Benz die Erlaubnis, einem veredeltem Auto den Stern aufzusetzen, verweigerte. Tuningbetriebe, die von Anfang an mehr auf die technische Veredelung setzten, hatten es schwer, sich dem Negativsog der „Optiker" zu entziehen. Mitte der achtziger jahre regulierte sich der Markt, einige Firmen verschwanden und das Interesse – häufig kam es aus Nahost – an überauffälligen Wagen ließ nach. Ein paar „Ausreißer" gab es immer noch, insgesamt aber hat sich die Tuningbranche mehr auf dezentes Styling und hochentwickelte Technik eingependelt. Stil statt Styling also, wie es der AMG-Prospekt 1990 formuliert.

Als die Tuningszene aufblühte, war der Mercedes der Baureihe W 116 schon nicht mehr aktuell. Es gibt deshalb nur wenige Beispiele von Angeboten. Das gilt noch mehr für die erste Generation der S-Klasse.

Die schwäbische Firma Lorinser hatte Sets für den W 116 noch 1990 im Programm. Sie gehörten bereits zur dezenten Sorte und bestehen im wesentlichen aus Frontspoilern – mit der Möglichkeit, zusätzliche Lampen einzubauen – und aus Seitenschwellern. Zusammen mit Leichtmetallrädern und Breitreifen sowie chromumrandeten Radläufen entsprach der Wagen äußerlich weitgehend noch dem Original. In dieser Form trug das Lorinser-Auto auch den Stern. Das war nicht so bei einer anderen Version, die statt des traditionellen Kühlergrills einen schwarzen bekommen hat. Ein tiefer gelegtes Fahrwerk gehörte ebenfalls dazu.

Der W 126 fehlt bis heute in fast keinem Katalog der Branche. Vorrangig nahmen sich die Tuner zwar des sportlichen 190er an, bei der Abrundung nach oben, neben Angeboten für die SL verschiedener Baujahre, darf die S-Klasse nicht fehlen. Überhaupt konzentrieren sich einige Betriebe ganz auf Mercedes wie etwa AMG, Lorinser, Boschert und Brabus, während die meisten anderen mit einer breiten Markenpalette operieren.

Beispiele für „Extrem-Tuning", und zwar in optischer und in technischer Hinsicht, liefert schon seit Jahren die Münchener Firma Koenig. Die eigens angefertigten Kotflügel für den W 126 beherbergen vorn Reifen der Dimension 285/40, hinten 345/35. Breite Seitenschweller – würden sie Belastung aushalten, könnte man von Trittbrettern sprechen – verbinden die ausladenden Kotflügel. Hinten sorgen drei wie Luft-

Ein Mercedes ohne Stern ist der Twin Turbo von Koenig mit 460 PS

einlässe gestaltete Vertiefeungen für Aufmerksamkeit, ein Stilelement, das in der Frühzeit der optischen Tuner oft angewendet wurde. Im Bereich Motorentechnik gibt es den Koenig maximal mit 500 PS und Turbolader, in 5,9 Sekunden beschleunigt dieser Wagen auf 100 Stundenkilometer, in der Endgeschwindigkeit schafft er 300 Km/h! Allein dieser Motor kostete laut Preisliste im Jahre 1987 43 970 DM, ein 560 SEL in der Breitversion komplett und neu 187 000 DM. Übrigens trägt kein Mercedes aus dem Koenig-Katalog, auch nicht die wesentlich dezenteren „Schmalversionen", den Mercedes-Stern.

Die meisten Konkurrenten müssen sich mit diesem Problem nicht befassen. Der Trend zu Beginn der neunziger Jahre geht eindeutig dahin, die Grundlinien des Autos als Vorgabe zu akzeptieren. Es ist keine leichte Aufgabe, die Veränderungen auf kleine Spoiler, Leichtmetallräder und Fahrwerksarbeiten zu beschränken und dabei noch mitzuteilen, um wessen Tuningkünste es sich handelt. Denn allzu groß soll der Schriftzug nicht auf der Karosse prangen, wenn man sonst Zurückhaltung übt. Die S-Klasse-Limousinen von AMG, Brabus, Gemballa, Lorinser und Zender, um nur einige Beispiele zu nennen, sind nach diesem Grundsatz gestaltet. Für alle die, die weiterhin das Auffällige wünschen, hat Lorinser einen Kompromiß parat: die dezent gestylte S-Klasse in giftgrün mit weißen Kühlergrilleinfassungen, weißem Rand über der seitlichen Karosserieverkleidung und weißen Leichtmetallrädern.

Viel intensiver als die Außenhaut können sich die Veredler die Innenausstattung vornehmen. Leder und Holz sind Standard in diesen Kreisen, da geht es nur um die Frage der Sorte. Besondere Liebe wird der Entwicklung hausspezifischer Lenkräder entgegengebracht, Leder oder Holz bestimmen das Bild. Auch der Schalthebel ist ein Mittel, sich von der Konkurrenz abzuheben. Allen Firmen ist gemeinsam, daß sie bestes (und teures) Material verwenden. Bei Brabus etwa kann man zwischen Zebrano und Wurzelholz wählen. Eine Welt für sich sind die Preise. Lenkräder für 500 oder 1000 DM, komplette Lederausstattungen für 8000 oder 11 000 DM, Armaturenbrett und Mittelkonsole in Leder für 6500 DM, oder Wurzelholzausstattung schwarz poliert, gut 11 000 DM teuer, sorgen für Exklusivität. Ein Spoilersatz kann mühelos 12 000 DM ausmachen, der Frontspoiler allein 2300 DM.

Das alles hätte nicht seine Faszination ohne die technische Seite. Hier haben einige der reinen Tuner

Auch Zender bevorzugt in der optischen Wirkung eher Zurückhaltung. Hier der W 126 aus dem Tuningkatalog

tatsächlich den Status des Automobilherstellers oder des Juniorpartners der großen Werke erreicht. AMG ist nicht nur Vorreiter für Mercedes-Benz im Motorsport und als einer der ersten Mercedes-Tuner dem Hohen Hause sehr verbunden, die Firma führt außerdem auch Entwicklungen für andere Automobilwerke durch. Brabus entwickelte (wie auch AMG) spezielle Auspuffanlagen und eigene, größer dimensionierte Scheibenbremsen und brachte den Brabus 3.6-24 S, einen 190 mit 3,6-Liter-Motor und 24 Ventilen (285 PS), als eigenen Typ in Kleinserie heraus. Letzterer wiederum trägt nicht den Stern.

Zender beliefert ebenfalls die große Automobilindustrie und verblüfft die Fachwelt regelmäßig mit Supersportwagen (Fact IV), die, gingen sie in Serie, Lamborghini und vielleicht auch Ferrari Konkurrenz machen könnten. Gedacht sind sie aber nur als technischer Kompetenzbeweis.

Natürlich läßt sich auch über den Sinn von technischem Tuning bei von Haus aus schnellen Fahrzeugen diskutieren. Es gibt keinen Zweifel, daß so etwas nicht sein muß. Es gehört aber, wie auch das optische Tuning, zur Gestaltungsfreiheit des Einzelnen, mit individuell umgebauten und aufgebauten Autos auffallen zu wollen. Da bleibt die Hoffnung, daß nur die richtigen Leute die superschnellen Schnellen fahren, diejenigen nämlich, die mit dem gebotenen Leistungspotential auch umgehen können.

Der W 140 war offiziell noch ein Geheimnis, als eigene Studien bei den Spezialisten auf dem Reißbrett – besser gesagt: auf dem Computerbildschirm – Gestalt annahmen. Die Konkurrenz ist groß in diesem Nischengeschäft, und auf das Zugpferd S-Klasse will niemand verzichten.

Tuningbetriebe für Mercedes-Benz-Fahrzeuge
(Auswahl/Stand Frühjahr 1991)

AMG Motorenbau- und Entwicklungsgesellschaft mbH
Daimlerstraße 1
7151 Affalterbach

Brabus GmbH
Kirchhellener Straße 246-265
4250 Bottrop

Gemballa Automobilinterieur GmbH
Schwieberdinger Straße 117
7015 Korntal-Münchingen

Koenig-Secials GmbH
Flössergasse 7
8000 München 70

Lorenz & Rankl GmbH & Co
Postfach 1648
8190 Wolfratshausen

Lorinser Sportliche Autoausrüstung GmbH
Kleine Röte 2
7050 Waiblingen

Vestatec-Körning GmbH & Co KG
Stahlbaustraße 8
4620 Castrop-Rauxel

Zender GmbH
Florinstraße/Industriegebiet
5403 Mülheim-Kärlich

Kurzes Zwischenspiel

Viele Kapitel enthält das Buch des Motorsports unter dem Zeichen des Mercedessterns. Die meisten sind höchst ruhmreich, übertroffen von ganz wenigen anderen Firmen. Die Grand-Prix-Erfolge der dreißiger und besonders der fünfziger Jahre sind herausragende Beispiele, sie festigten auf Jahrzehnte den guten Ruf der Marke. Dieser gute Ruf tat seine Wirkung auch in Phasen, in denen das Werk von Motorsport nichts wissen wollte. Jede, manchmal nur halbherzige, Rückkehr auf die Pisten und Rallyepfade begrüßten Autofreunde geradezu stürmisch. Sportwagenrennen zu Beginn der Fünfziger mit den Erfolgen in Mexiko, die großen Siege der Mecedes 220 SE und 300 SE aus der „Heckflossen"-Ära in den Sechzigern waren solche Blüten zwischen den Grand-Prix-Zeiten. Ganz ernst machte das Werk mit dem Einstieg in die Sportwagen-Weltmeisterschaft 1988. In den beiden folgenden Jahren gab es WM-Titel in der Fahrer- und der Markenwertung. Die zusammen mit dem Schweizer Rennwagenbauer Peter Sauber entwickelten Wagen waren nach kurzer Zeit so dominant wie die Silberpfeile 1954 und 1955. Die Spatzen pfeifen es von den Dächern, Fachleute und Stammtischstrategen gleichermaßen sagen es voraus und das Werk dementiert immer wieder: Irgendwann wird Mercedes auch wieder in die Formel I einsteigen.

Die Motorsportgeschichte von Daimler-Benz und der Ruf des gesamten Hauses bringen hoch gesteckte Erwartungen mit sich. Respekt und Bewunderung wird es nur für den makellosen Erfolg geben. Ausprobieren, Rückschläge, Irrwege, alles, was das Publikum jedem im Motorsport aktiven Werk zugesteht, wird Mercedes in der Öffentlichkeit, auch in der fachbezogenen, nicht nachgesehen. Der selbst gewählte und verwirklichte Qualitätsanspruch der Mercedes-Fahrzeuge wirkt sich hier negativ aus. Deshalb haben die weniger erfolgreichen Kapitel im Motorsport dem Werk immer weh getan. Die Rallye-Zeit der großen SLC-Coupés gehört dazu. 1979 und 1980 gab es zwar zwei Siege bei Weltmeisterschaftsläufen (Rallye Bandama) und weitere gute Plätze, doch Berichte von strapazierten Mercedes, bei denen reihenweise Teile ausgewechselt werden mußten, gefielen nicht in der Vorstandsetage. Daß ein Datsun 160 J und ein Fiat Abarth 131 vor Mercedes plaziert waren, wird auch übel aufgestoßen sein. Da Siegchancen überhaupt nur auf afrikanischen und asiatischen Langstreckenrallies bestanden und nicht bei der Monte Carlo vor der Haustür, wurde das Projekt Anfang 1981 abrupt gestoppt, der gerade verpflichtete Weltmeister Walter Röhrl wieder weggeschickt. Auch der Einsatz in der populären deutschen Tourenwagenmeisterschaft in den späten achtziger Jahren verlief nicht so, wie das Werk es sich vorstellte. Obwohl der Motorsportkenner durchaus anerkannte, daß von 1986 bis 1990 immerhin 21 Siege, zwei Vizemeisterschaften und ein dritter Gesamtrang heraussprangen. Mercedes war nicht vorn und das störte.

Genau diese Gedanken beschäftigten das Werk auch, als es im Jahre 1969 darum ging, den W 109 in Tourenwagenrennen einzusetzen. Es war, als hätten die Skeptiker es geahnt: Das einzige Kapitel Renngeschichte mit (den Limousinen) der S-Klasse wurde kein Ruhmesblatt. Es war eben anders gekommen als erhofft. Sogar der Plan für ein Plakat mit der Siegesmeldung für das Rennen im belgischen Spa-Francorchamps war fertig, wie eine Unterlage aus dem Archiv in Untertürkheim belegt. Selbst die Abteilung „Fremdsprachenbüro" war in Alarmbereitschaft versetzt, um Übersetzungsdienste zu leisten. Es kam nicht zur Sonderschicht.

Mit dem 300 SEL 6.3 stand nach den guten Zeiten der „Heckflosse" wieder ein geeignetes Fahrzeug zur Verfügung. 1967 wurden damit Versuche am Nürburgring gefahren, da schon mit der 6,9-Liter-Maschine. „Die Ergebnisse waren günstig, zeigten jedoch, daß Entwicklungen hinsichtlich Bremsanlage, Motor-Dauerhaltbarkeit und auch Reifendauerhaltbarkeit notwendig waren", heißt es, nachträglich erklärend, in einem Bericht von Dr. Hans Scherenberg, dem Leiter von Forschung und Entwicklung. Dort schilderte er

Der AMG-Mercedes auf der Strecke von Spa-Francorchamps. Im Hintergrund einer der schnellen NSU TTS

vertraulich dem Vorstand die Situation nach dem erfolglosen Einsatz beim 24-Stunden-Rennen in den Ardennen.

„Neben der Durchentwicklung der auf ca. 350 PS in der Leistung gesteigerten Motoren wurden die hochbeanspruchten Bremsanlagen und die Reifen weiterentwickelt. Die Reifenentwicklung ging vor allem auf möglichst geringen Abtrieb, um die notwendigen Boxenaufenthalte auf ein Mindestmaß zu bringen. Da die Piste in Francorchamps als öffentliche Straße nicht für Versuchszwecke zur Verfügung stand, ging man in der Beurteilung der Reifenhaltbarkeit von der früheren Erfahrung und den Urteilen von Reifenfachleuten aus, wonach über den Ergebnissen vom Nürburgring zugunsten von Francorchamps eine dreifach längere Lebensdauer von Reifen erwartet werden konnte."

Genau dieser Punkt sollte sich dann als Pferdefuß erweisen. Ein Zwölf-Stunden-Test in Hockenheim hatte noch zum Einsatz ermutigt. Nach guten Zeiten im ersten Training am Freitagabend in Spa-Francorchamps herrschte noch Optimismus vor. Die Sorgen begannen am Samstag nachmittag. Im zweiten Training an diesem Tag, gefahren bei großer Hitze, kam es plötzlich zu Stollenausbrüchen. Lag es an der Hitze oder an einem kurzfristig aufgebrachten rauheren Straßenbelag? Jedenfalls gab es nur eine Konsequenz: „Die aufgetretenen Reifenschäden ließen es nicht zu, das Risiko einer Teilnahme am Rennen selbst einzugehen. Die mögliche Gefährdung von Fahrern und Zuschauern mußte verhindert werden. Es war deshalb notwendig, von der Firmenleitung aus das Rennen abzusagen… Die einzige Möglichkeit, eine Freigabe für den Start zu geben, wären wahrscheinlich noch breitere Reifen gewesen, die jedoch nicht ohne Karosserie- (Radauschnitt) und Spurverbreiterung einbaubar sind." Das aber war nicht erlaubt, es hätte für die

Homologierung eine Serie von 500 Fahrzeugen mit verbreiterter Karosserie geben müssen. Später wurde es so gemacht, zum Beispiel beim 190 E 2.5-16 Evolution II von 1990.

Als Trost mußten im Scherenberg-Bericht Probleme der Konkurrenz herhalten: „Wie der Rennverlauf zeigte, sind auch bei den Konkurrenzfahrzeugen Reifenschäden bzw. Stollenausbrüche aufgetreten. Wie schwierig es ist, erfolgreich im Rennsport zu sein, zeigen z.B. die Bemühungen von Ford, die erst nach dem dreimaligen negativen Versuchen in Le Mans zum Erfolg kamen, oder bei BMW, die trotz ihrer reichen Erfahrungen mit dem Formelrennwagen immer wieder erfolglos waren und auch in Francorchamps ausfielen... Auch unsere Renngeschichte zeigt eine große Zahl von Veranstaltungen, bei denen wir keinen Erfolg hatten, neben hervorragenden Ergebnissen. Als Konstruktions-Leiter für Pkw und Rennwagen von 1952 bis 1955 weiß ich noch zur Genüge, daß wir auch hier oft mit größeren Risiken, insbesondere am Anfang, in die Rennen gingen als diesmal in Francorchamps. Auch bei bester Vorbereitung werden Rennen riskant sein. Die Konsequenzen werden überlegt und zu gegebener Zeit berichtet."

So schloß Dr. Scherenberg seinen Bericht, der letzte Satz ließ nichts Gutes ahnen. Es blieb bei diesem einen Werkseinsatz. Im Mai des selben Jahres hatte Erich Waxenberger, ein motorsportbegeisterter Ingenieur aus dem Werk, auf einem privaten 300 SEL 6.3 ein Tourenwagenrennen in Macao gewonnen.

Zwei Jahre später war ein Renn-Mercedes in Spa überraschend wieder Gesprächsthema. Nicht das Werk wagte sich erneut mit dem 300 SEL auf die Piste, sondern der kleine, damals noch relativ unbekannte Tuningbetrieb AMG. Dessen Inhaber, Hans Werner Aufrecht, – er spielte in der späteren deutschen Tourenwagenmeisterschaft ein wichtige Rolle als Teamchef und in der Organisation – hatte die Idee eines solchen Einsatzes keine Ruhe gelassen. Unter großen Schwierigkeiten wurde ein Unfallwagen auf- und zum Rennfahrzeug ausgebaut. Nach ständiger Improvisation und einigen Rückschlägen entstand der 300 SEL 6.8, ein Unikat in der langen Reihe von Mercedes-Modellen. Der Bolide leistete bei einer Verdichtung von 10:1 398 PS bei 5600 Umdrehungen in der Minute. 260 km/h sollte der Wagen mit einem ZF-Fünfganggetriebe schaffen.

Der Einstand war sehr gut: Platz Zwei beim 24-Stunden-Rennen, Hans Heyer und Clemens Schickentanz mußten sich in ihrem knallroten „Aufrecht-Schiff" nur Dieter Glemser und Axel Soler-Roig auf dem Superstar damaliger Tourenwagenrennen, dem Ford Capri RS, beugen. Hinter dem Mercedes fanden sich einige Alfa Romeo GTA und BMW 2800 CS. Mit diesem Ergebnis wäre das Werk zwei Jahre zuvor auch noch zufrieden gewesen. Breitere Reifen waren allerdings inzwischen erlaubt. Clemens Schickentanz wird nach dem Rennen zitiert: „Es gibt keinen Rennwagen, der so gemütlich zu fahren ist. Mit der Servolenkung ist das die reinste Autobahnspazierfahrt."

Mit kritischer Distanz, aber durchaus interessiert war das Experiment der rennunerfahrenen AMG-Leute in Untertürkheim beobachtet worden. Jede offizielle Beteiligung wurde abgestritten. Als es im September um einen AMG-Einsatz im französischen Le Castellet ging, ist in einer Werksnotiz von einer „Unterstützung im üblichen Rahmen (Stellung von zwei Monteuren sowie Gewährung von Erleichterungen bei der Ersatzteilbeschaffung)" die Rede. Die Notiz schließt: „Die Verhinderung einer Teilnahme von Privatfahrern mit MB-Fahrzeugen am Rennen ist nicht möglich." Ingenieur Waxenberger war im Vorfeld dieses Rennens eingeschaltet, sollte aber auf keinen Fall zum Renntermin auftreten. Das hatte Dr. Scherenberg festgelegt. Es gab also nach dem Erfolg in Spa ganz leichten Rückenwind aus Untertürkheim, jedes Risiko für das Werk allerdings vermeidend. Vorher hatte AMG natürlich versucht, mehr aus dem Anfangserfolg herauszuholen. So wandte sich die Firma im August an den Vorstand und fragte nach Sonderrabatten für Neuwagen und Ersatzteile, einer offiziellen Anerkennung als Spezialwerkstatt sowie nach einem Zuschuß. Auch Pläne für 1972 wurden in einem Schreiben angedeutet. Aber bei Daimler-Benz war man noch nicht so weit, AMG mußte noch lange überwiegend auf eigene Faust operieren. Erst mit dem Hoch der deutschen Tourenwagenmeisterschaft in den späten achtziger Jahren errang AMG im Motorsport die schon 1971 erhoffte Stellung im Mercedes-Imperium.

Der Einsatz in Frankreich war ein Mißerfolg. Ein interner Bericht von Mercedes-Pressesprecher Keser fällt ein vernichtendes, zugleich eine Perspektive andeutendes Urteil: „Angesichts der eindrucksvollen und aufwendigen Boxenbetreuung vor allem von Ford, aber auch von BMW, wirkte das Auftreten der AMG-Mercedes-Mannschaft trotz allen guten Willens von sehr einsatzfreudigen Mechanikern, die praktisch zwei Nächte durcharbeiteten, geradezu primitiv. Das Bild ist für Mercedes-Benz sehr wenig erfreulich. Falls es nicht gelingt, die Leute von AMG und vor allem die Fahrer Heyer/Schickentanz von weiteren Einsätzen abzuhalten, sollte man des Ansehens unserer Marke wegen ernsthaft überlegen, ob man nicht mit richtiger Unterstützung – zumindest durch Abstellen von technischen Beratern und freiwilligen Mechanikern – eine Verbesserung des Gesamtbildes erreichen könnte..." Die angesprochene Perspektive blieb für lange Zeit noch Illusion, die Renngeschichte des Wagens war unwiderruflich beendet. In den achtziger Jahren tauchte der Typ vereinzelt in den historischen Rennen wieder auf.

Ganz vergessen ist die S-Klasse also auch auf der Piste nicht, während (kleinere) AMG-Mercedes längst im Werksauftrag an den Start gehen.

Vornehme Welt auf Glanzpapier

Zeitgeschichte läßt sich auf vielfältige Weise studieren. Zeitzeugen können erzählen, Gebäude, Plätze oder technische Denkmäler können stumm von Vergangenem berichten, die ganze Vielfalt zeitgenössicher Darstellung in Wort und Bild lädt ein, sich in „früher" zu vertiefen. Für weit zurückliegende Epochen müssen einige wenige Gemälde und Kupferstiche als Dokumentation genügen, für erst kurz zurückliegende Jahrzehnte ist die Auswahl an Zeugnissen ungleich größer. Die professionelle Werbung ist ebenso wie die Medientätigkeit eine der ergiebigsten Quellen, vor allem bei so begehrten Konsumgütern wie Personenwagen. Autoprospekte sprechen dabei eine deutliche Sprache.

Das Produkt zeigen sie natürlicher von seiner allerbesten Seite, Gestaltung, Formulierung und die technischen Möglichkeiten der seinerzeit modernen Druckkunst zeichnen ein buntes Bild der Vergangenheit. Es gibt Automobilliebhaber, die mehr Freude an den Prospekten haben als an den Originalen. Was einst kostenlos an Interessenten verteilt wurde, ist später wertvolles Sammelobjekt.

Es versteht sich von selbst, daß Prospekte für die Wagen der Mercedes-S-Klasse zu den besonders begehrten Exemplaren zählen. Für teure Autos mußte und muß aufwendig geworben werden, da durfte der Prospekt in der Herstellung getrost ein paar Groschen oder ein paar Mark kosten.

Die neue Fahrzeuggeneration 250 S, 250 SE und 300 SE bedachte Daimler-Benz mit einem sachlich gestalteten, gut ausgestatteten Prospekt. Die Zeit der blumenreichen Werbesprüche war längst vorbei, die der idealisierenden Zeichnungen – da hatte in den fünfziger Jahren mancher Kleinwagen unermeßlich viel Platz auf der Rückbank – ebenfalls. Das dünne, großformatige Heft zum neuen Mercedes trägt auf einem weißen Deckblatt den Stern, den Schriftzug „Mercedes-Benz" und die drei magischen Zahlen der Typbezeichnungen, mehr nicht. Aufgeblättert, wird erst einmal Vorfreude produziert. Ein dünnes Pergamentblatt ist einerseits mit Schlagworten bedruckt, andererseits läßt es das gute Stück schon durchschimmern. „Die Mercedes-Benz-Personenwagen 250 S, 250 SE und 300 SE. Gebaut nach den Daimler-Benz-Konstruktionsprinzipien" und dann „Sicher, Zuverlässig, Bequem, Schnell und Wertbeständig". In der Aufzählung steckt die Werbebotschaft und die inhaltliche Übersicht des Prospektes, der einleitende Satz ist eigentlich inhaltsleer (nach welchen Konstruktionsprinzipien als denen von Daimler-Benz sollten die Wagen denn sonst entwickelt worden sein?), dient aber auch der Einstimmung. Bewußt wurde eine außergewöhnliche Schriftart gewählt. Nun aber schnell umblättern! Es wartet ein farbigen Blatt zum Aufklappen. In vornehmem Dunkelblau auf weißem Papier ohne Hintergrund freigestellt, breitet der 250 S – die Typinformation gibt das Nummerschild – seine ganze Eleganz aus. Allerdings wirkt das Foto nachkoloriert, einige Jahre später hätte man den Wagen sicherlich noch effektvoller ins Bild gerückt. Richtig stimmungsvoll wird es nun: die Rückseite des Doppelblattes zeigt ein großes Foto, der Mercedes ist am Waldrand geparkt, Besitzer und Ehefrau – Mitte der sechziger Jahre waren die Rollen noch klar verteilt, das Auto hatte immer zuerst mit dem Mann zu tun – sitzen auf einer Parkbank und schauen ins Tal. Das Ganze in bestem Herbstlicht, aufgenommen vielleicht im Schwarzwald. Dazu der Text: „In unserer Zeit trachtet der Mensch nach Individualität. Er sucht Freiheit, Unabhängigkeit und die Bestätigung seiner Leistung. Diesem Menschen bieten wir individuelle Fahrzeuge: Die neuen Mercedes-Benz-Typen 250 S, 250 SE und 300 SE. Fahrzeuge von zurückhaltender Eleganz mit sportlichem Temperament."

Angesprochen war hier in erster Linie der selbständige Unternehmer, die klassische Klientel der jetzt in Fahrt gebrachten S-Klasse. Leistung durch Statussymbole zu bestätigen war ein Mitte der sechziger Jahre nicht unumstrittenes Ziel. Infolge der sich damals entwickelnden Studentenunruhen wurden solche Werte zunehmend in Frage gestellt, nicht allerdings von Mercedes-Kunden. Statussymbol ist das Auto trotzdem bis heute geblieben, sei es nun, daß Wohlstand, Sportlichkeit oder bewußt Vernunft und Bescheidenheit in der Wahl des Autos zur Schau getragen werden. Zurück zur S-Klasse: Im Prospekt geht es nach der Einleitung zum Einstieg. Das nächste Farbfoto präsentiert bei geöffneter – für das Foto demontierter – Türe den Fahrerplatz. Rundinstrumente und Holzverkleidung springen ins Auge, Polster und Teppich Ton in Ton vermitteln Eleganz. Der danebenstehende Text geht darauf aber kaum ein, sondern er schildert die vielfältigen Aspekte der Sicherheit, wie es damals Mode war, in Schlagworten, fast in Schlagzeilen. Auch Zeitschriften befleißigten sich dieses Stils – es sollte wohl besonders souverän klingen. Als starke Übertreibung solchen Umgangs mit der Sprache blieb die Verbraucherzeitschrift „DM" im Gedächtnis, man sprach noch lange vom „DM-Stil", wenn es um hektisch-abgehackte Vermittlung von Informationen ging.

Im Prospekt folgt nach dem Schlagwort „Sicher" das Thema „Zuverlässig". Das Farbfoto zeigt diesmal zwei Erlkönige in Afrika, auf der gegenüberliegenden Seite werden in Wort und Bild Aspekte der Zuverlässigkeit erläutert. Übrigens spricht man hier noch vom Sporteinsatz, ein Kapitel, das bei dieser Modellreihe nicht mehr sehr lang werden sollte. Nun erst kommen die Prospektgestalter zu den unmittelbaren Annehmlichkeiten. „Bequem" heißt die Überschrift der nächsten zwei Seiten, im Großformat ist jetzt die Rückbank abgebildet, in kleinen Bildern einige Ausstattungsdetails. Auch „Schnell" sind die Wagen, sagt der Prospekt auf den folgenden zwei Seiten (und nicht etwa ganz am Anfang). In künstlerischer Unschärfe schwirrt eine Limousine über die Untertürkheimer Versuchsbahn. Wichtig für die Kundschaft mit dem großen Geldbeutel: „Wertbeständig" sind die Wagen auch. Die dazu gezeigte Abbildung gehört zu den interessantesten Darstellungen des 20 Seiten starken Druckwerkes. Mit Millimeterpapier unterlegt zeigt sich der neuen Wagen, als Foto und freigestellt, vor der gezeichneten Silhouette der beiden Vorgänger aus den Baureihen Heckflosse und Ponton. Zum Schluß, diesmal links plaziert, wieder ein stimmungsvolles Foto, der dunkelblaue 250 S fährt durch einen Park, die Herrschaften auf dem Weg zu ihrem Schloß? Auch hier, wie am Anfang, ein dünnes Blatt: „... mehr sagt Ihnen eine Probefahrt mit einem Mercedes-Benz. Bitte rufen Sie uns an." Drei Informationsblätter zu den technischen Daten sind ganz hinten eingelegt, für die eigentliche Information.

Mehr Sachlichkeit in Gestaltung und Formulierung kennzeichnet den zweiten Prospekt zu dieser Baureihe, erschienen im Jahre 1968. Der Titel ist ähnlich gehalten wie beim ersten, der Stern aber jetzt, wie beim Original, auf dem Kühlergrill über dem Markenemblem montiert. Das dünne Vorsatzblatt ist geblieben, es vermittelt nun außer dem Effekt des Durchscheinens der ersten Abbildung eine knappe Übersicht der Vorzüge des Wagens. Abgefaßt wie Kurznachrichten, Selbstbewußtsein und Stolz verkündend: „Mercedes-Benz-Ingenieure erreichen schon in der Entwicklung die überlegene Lösung. Sie brauchen deshalb um diese Überlegenheit auf der Straße nicht mehr zu kämpfen." Das gilt es auf den folgenden Seiten zu beweisen, bitte blättern...

Tradition und Fortschritt – eine Abbildung aus dem Prospekt der W 108/109

Ein relativ kleines Farbfoto auf großer weißer Fläche – eine Grafikmode jener Zeit und ein Zeichen von Sachlichkeit – zeigt die Limousine in Lindgrün. In dieser Farbe ist der gesamte Textsatz gehalten. Auch die folgenden zwei Blätter beinhalten mehr Information als Pracht, die vom vorherigen Prospekt im Prinzip bekannten Schlagworte „Sicher, Schnell, Komfortabel, Zuverlässig, Wertbeständig" sind durch Großbuchstaben hervorgehoben. Kostprobe des trockenen Textes: „Unter Zuverlässigkeit verstehen wir das einwandfreie Funktionieren und den störungsfreien Betrieb über einen langen Zeitraum. Mercedes-Benz Personenwagen sind zuverlässig." Na also! Nach so viel Schlagworten folgt das Kapitel zum Träumen: ein 280 S in Weiß auf einer Herbstwiese abgestellt, ohne Insassen, in voller Größe. Da gleiten die Augen wie von selbst über die Konturen des Wagens, einfach schön... Drei Seiten über Ausstattung und Technik beschließen die Broschüre – in der Farbwahl sind die Bilder von Armaturenbrett und der hinteren Sitzbank allerdings arg rot geraten und stören die Harmonie, die der Prospekt eigentlich vermitteln soll. Im Einband stecken zwei Datenblätter für die, die alles ganz genau wissen wollen.

Der Ton hat sich grundlegend geändert in einem Prospekt zum Star der Baureihe, dem 300 SEL 6.3, aus dem Jahre 1970. Den Titel erinnert an eine Zeitschrift. Ihn ziert ein großes Foto, der Stern und die Typbezeichnung. Die erste Seite ist zum Aufklappen, und ehe der Betrachter sich von dem doppelseitigen Farbfoto – silberner 300 SEL 6.3 in der Untertürkheimer Steilkurve – faszinieren lassen kann, wird er mit einem beinahe aggressiven Text konfrontiert, beginnend mit einem Gag: „ ‚Eine optische Unterscheidung (zu den anderen 300 SEL-Modellen) ist äußerlich nur durch die Aufschrift auf der rechten Ecke des Kofferraumdeckels und durch andere Leuchteinheiten möglich.' Seine Bedeutung erhält dieser Satz aus der ‚Technischen Information Nr. 97' nur durch die Tatsache, daß die Zeit, die Sie zum Lesen brauchen, der Zeit entspricht, in der der 300 SEL 6.3 von 0 auf 100 km/h beschleunigt... An den Tatsachen dieses Wagens kann niemand vorbei, weil es um Ihr Wohlbefinden und Ihre Sicherheit geht. Und auch um Ihr Geld... Sehen Sie das einmal so: In 12 Jahren verbringen Sie zusammengenommen ein ganzes Jahr, Tag und Nacht, in Ihrem Wagen, wenn Sie täglich etwa zwei Stunden unterwegs sind. Jedes Jahr einen vollen Monat, rund um die Uhr, im

Mit dem 250 S durch den eigenen Park – dieser Traum darf im Prospekt geträumt werden

Ein starkes Stück: der 6,3-Liter-V8-Motor

1965 das Spitzenmodell der W 108-Baureihe: der 300 SEL

Auto. Wollen Sie in dieser Zeit Ihres Lebens ‚ganz ordentlich' aufgehoben sein oder wollen Sie von den Möglichkeiten der Technik heute Gebrauch machen? Es ist die Frage, ob 300 SEL 6.3 oder nicht."

Mit dieser etwas platten Anleihe aus der Klassik endet ein Text, der dem Kunden fast die Leviten liest. Gezielt haben die Werbestrategen dabei offensichtlich auf Zweifel, ob es überhaupt zeitgemäß sei, ein solches Auto zu fahren. Sehr geschickt das Rechenexempel, wieviel Zeit man im Auto verbringt. Manch ein Käufer wird es aufgegriffemn haben, wenn er glaubte, seine Entscheidung für ein 43 000-Mark-Auto vor anderen rechtfertigen zu müssen. Dermaßen eingestimmt, kann sich der künftige Besitzer eines SEL 6.3 ganz dem optischen Eindruck und der prächtigen Maschine, neben der fahrenden Limousine angeordnet, hingeben. Die Karosserie ist in die Jahre gekommen und wird deshalb jetzt als „zeitlos elegant" eingestuft. Jeweils vier Seiten sind den schon bekannten Schlagworten „Komfortabel, Sicher, Schnell, Zuverlässig und Wertbeständig" gewidmet. Doppelseitige Farbfotos – in der Heftmitte rollt die Limousine unscharf, aber in Gold am Betrachter vorbei – sparen nicht mit den besten Blickwinkeln. Die letzte Doppelseite informiert über Wunschausstattungen: Klimaanlage, Radio, Telefon, Sicherheitsgurte und Kopfstützen (!), Weißwandreifen und auch noch der typische Mercedes-Koffersatz.

Am Steuer sitzen auf den Fotos in der Regel ältere Herrschaften, jene also, die sich das Auto am ehesten leisten können. Der sportliche Typ oder der treusorgende Familienvater würde hier nicht passen.

2. Generation (W 116)

38 Seiten stark ist der Prospekt für die Basisausführung der neuen Generation, den 280 S, den 280 SE sowie den 280 SEL, gedruckt im Jahre 1974. Die Kühlermasken der Drei blicken den Betrachter auf dem ganz in Silber gehaltenen Titelblatt an. Kein Wort, kein hervorgehobener Mercedesstern. Nur vornehme Zurückhaltung.

Es ist eine Zeit, in der das Auto nicht mehr kritiklos begrüßt wird. Der Klappentext macht deutlich, daß die Autoindustrie nach Argumenten suchen muß: „Noch für Jahrzehnte wird kein anderes Verkehrsmittel so entscheidende Vorteile bieten wie das Automobil: fahren wann, wohin und mit wem Sie wollen. Sie wollen und können wie Millionen andere auf das Automobil nicht verzichten. Darum verbessern wir seit Jahren mit großem Einsatz die Vorteile des Autos und helfen mit, die unbestreitbaren Verkehrsprobleme zu lösen. Mercedes-Benz Fahrzeuge wurden in dieser Zeit auf ein so hohes technisches Niveau gebracht, daß es schwer

Die große Fahrt kann beginnen. Das Prospektfoto wurde an der Côte d'Azur aufgenommen

Der Eindrucksvolle Baustil der Frühgotik dient hier als Hintergrund: Die S-Klasse vor Notre Dame in Paris

erschien, noch einen deutlich sicht- und spürbaren Fortschritt zu erzielen. Mit der neuen S-Klasse ist es uns dennoch gelungen. Wir sind dabei bis in die physikalisch-technischen Grenzbereiche des heutigen Automobilbaus vorgestoßen. Eine bessere Gesamtlösung ist derzeit nicht vorstellbar. Es konnten auf einigen Gebieten so bedeutende Fortschritte erzielt werden, daß wir von einer neuen Dimension der Fahreigenschaften, der Sicherheit und des Komforts sprechen können. Diese hochentwickelte Technik und Ihr faires Verhalten sind zwei entscheidende Beiträge für die Aufrechterhaltung eines modernen, menschlichen und individuellen Verkehrs."

Falls je ein Interessent von Zweifeln geplagt gewesen sein sollte, sich in Zeiten knapper werdender Rohstoffe und des immer dichteren Verkehrs noch ein so großes Autos leisten zu können, mit diesem Vorwort waren sie sicher zerstreut. Und falls er sich angesichts der hier und da lautstark geäußerten Kritik am Auto etwa allein vorgekommen sein sollte, war nun auch dieses Problem gelöst: „... Wie Millionen andere...", heißt es im Text. Und schließlich würde er ja durch eigenes faires Verhalten und den Kauf eines Mercedes seinen Beitrag zur Vernunft leisten. Da konnte der Wunsch nach dem neuen Mercedes doch so falsch nicht sein...

Ganz in Gelb vor grünem Hintergrund auf einem dreifach aufklappbaren Blatt zeigt sich der Wagen nach so viel Stoff zum Nachdenken dem Betrachter. Das gelbe Auto ist optische Grundlage aller Fotos. Immer wieder ist die markante Front ins Bild gerückt, sogar auf einer Doppelseite der breite Scheinwerfer mit Blinkleuchte und Kühlergrill in Nahaufnahme. Verblüffend das Doppelblatt, das nichts weiter zeigt als den Türgriff. Die Vorzüge des Sicherheitsschlosses sind an anderer Stelle erläutert, darum kann es hier nicht gehen. Der Griff in „Lebendgröße" war wohl mehr als Einladung gedacht, sich einen Stoß zu geben und einzusteigen...

Eine neue S-Klasse muß auch neue Dimensionen bieten, im einführenden Text war davon schon die Rede. Deshalb sind die von den Prospekten zur vorherigen Baureihe bekannten Schlagworte entsprechend aktualisiert: „Eine neue Dimension der Fahreigenschaften", „Eine neue Dimension der Sicherheit". Damit keine falschen Schlüsse gezogen wurden, heißt es aber ein paar Seiten weiter: „Unverändert: Mercedes-Benz Qualität." Da hatte man keine neue Dimension nötig.

Zum Abschluß steht der große Gelbe noch einmal auf grünem Grund, wie für eine Maßzeichnung von vorn, von der Seite und von hinten aufgenommen. Zurückhaltend, aber unübersehbar, als wollte er die Frage stellen, ob man sich wirklich nicht mehr wiedersieht...

Im selben Stil, aber mit mehr Aufwand werden die Topmodelle der S-Klasse angepriesen: 350 SE, 450 SE, 450 SEL. Jedem Auto ist ein Dreifachblatt zum Ausklappen gewidmet, farblich sorgfältig abgestimmt. Goldbraun (offiziell: cayenneorange) vor tiefrotem Hintergrund (350 SE), ein sanftes Grün (mimosengelb) vor saftigem Grün-Blau (der Drucker dürfte geschwitzt haben, bis er diese farblich riskante Kombination sauber hinbekommen hatte) und Pastellgrau vor Tiefblau, letzteres sehr eindrucksvoll. Jedesmal ist der Wagen in seiner ganzen Pracht exakt in Seitenansicht gezeigt.

Ein paar Jahre später beginnt der aktuelle Prospekt zur S-Klasse immer noch mit nachdenklichen Thesen, das Selbstbewußtsein der Autobauer ist aber schon wieder gewachsen und das der Mercedes-Fahrer offensichtlich auch. Fahreigenschaften, Sicherheit und Komfort, jene Bereiche, bei denen man bekanntlich in neue Dimensionen vorgestoßen war, sind wichtig und zwar deshalb: ‚In hochmotorisierten Ländern steckt der einzelne Autofahrer zwangsläufig in einem dichten Verkehrsfluß. Allein auf den Straßen der Bundesrepublik Deutschland fahren zum Beispiel 18 Millionen Pkw. Hier wie in allen anderen Ländern sehen sich die Autofahrer mit Erwartungen, Ermahnungen, Appellen und Gesetzen konfrontiert. Diese Situation erzeugt Streß, von dem der Autofahrer befreit werden muß. Einen wichtigen Beitrag dazu können die Automobilkonstrukteure leisten, indem sie Fahrzeuge bauen, die durch überlegene Technik besser zur Hand gehen. Solche Wagen sind — in Verbindung mit verantwortungsbewußten Fahrern — eine unabdingbare Voraussetzung für die Entkrampfung und Harmonisierung des Verkehrs, für ein menschliches Miteinander auf den Straßen." Das Problem sind also die vielen Vorschriften und Appelle, Ermahnungen und Gesetze. Und Mercedes hilft dem geplagten Autofahrer, mit diesem Streß besser umgehen zu können. Man sitzt in einem Boot...

Der Prospekt weist neue Stilmittel auf: Der — wiederum in Silber gehaltene — Deckel ist an zwei Stellen durchbrochen, der Wagen in dem einen Viereck und die Typbezeichnungen in dem andern schauen vom ersten Blatt durch. Die Großfotos sind nur noch doppelseitig und zeigen den Wagen in einer Landschaft — der Bildtext verrät, in welcher. Unter der Schlagzeile „Großzügigkeit fördert Gelassenheit" ist ein blauer 280er mit britischem Kennzeichen vor einem Schloß in Chegford, Devonshire zu sehen. „Sicherheit beseitigt Unsicherheit", hier setzt nahe Nemours in Frankreich eine blaue Limousine bei Nässe und etwas Nebel zum Überholen an. Am Steuer eine Frau, das hatte es bisher kaum gegeben in Prospekten von Daimler-Benz. „Entspannung beseitigt Anspannung", und dazu fährt man am besten in den Schwarzwald. Ein blauer 280 steht in der Nähe von Wildbad. „Zuverlässigkeit erzeugt Zufriedenheit", auch in Marokko, wenn es durch die Wüste geht. Ein schwer beladene Limousine mit französischem Kennzeichen zieht bei Fes-el-Bali davon.

In der Endphase der Produktion ist der Baureihe noch einmal ein neuer Prospekt vergönnt. Einige Elemente der beiden vorhergegangenen finden sich wieder, so die im Ausland aufgenommenen Fotos – jetzt ohne Ortsangabe – und das erklärende Wort zu Beginn. So forsch wie zuletzt ist es allerdings nicht mehr abgefaßt, die Texter bemühten sich um mehr Neutralität und halten Fehler auch bei Mercedes-Fahrern für möglich. „Das Wort zum Auto" aus dem Hause Daimler-Benz liest sich, unter der Überschrift „Der Maßstab ist der Mensch" nun so: „ Die Wirklichkeit heute: 25 Millionen Kraftfahrzeuge auf unseren recht unterschiedlich beschaffenen Straßen. Behinderungen, Regeln, Zeichen, Wetter, Lichtverhältnisse und Lärm. Das Verhalten der anderen Verkehrsteilnehmer. Ihre Fehler und die eigenen. Letztlich die psychische und physische Beschaffenheit des Menschen. Das sind die wichtigsten Bedingungen, unter denen wir am Straßenverkehr teilnehmen. Sie erfordern ständig unsere Berücksichtigung und Anpassung. Sie beeinflussen unaufhörlich unser Befinden und Verhalten. Auch unter diesen Bedingungen kann Autofahren mehr Arbeit sein oder mehr Vergnügen, mehr Streß oder mehr Entspannung. Was mehr ist, entscheidet nicht der Verkehr, in dem Sie sich bewegen, sondern das Auto, in dem Sie fahren. Ob das Auto Sie mit den Problemen allein läßt oder Ihnen aktiv hilft, Arbeit abnimmt, Sicherheit vermittelt, hängt davon ab, was der Maßstab der Konstrukteure war: Mensch oder Mode."

Mode war der Maßstab natürlich nicht. Das weiß der interessierte Prospektleser und läßt in großformatigen Farbfotos die Proportionen, die Ausstattung und die technischen Details auf sich wirken. Keine Frage, der Wagen wirkt immer noch ansehnlich. Ein Gag ist das Mittelblatt: Es zeigt in Großformat die beiden Türen exakt von der Seite; vier freundliche und seriöse Herren haben es sich im Wagen gemütlich gemacht (einen fünften hat man bewußt draußen gelassen, denn sonst wäre es auf der Rückbank nicht so bequem). Klappt man die Seiten auf, präsentiert sich der – jetzt leere – Innnenraum so richtg zum Platz nehmen. Die Türen sind für das Foto ausgehängt, damit nun wirklich Raum ist für gedankliches Einsteigen.

3. Generation (W 126)

Gesamtgesellschaftliche Gesichtspunkte bleiben im Repertoire der Verkaufsstrategen, als zur IAA 1979 die dritte Generation der S-Klasse erscheint. Der Prospekt macht es deutlich. Ehe es nämlich um die Neuheit an sich geht, verdeutlicht der Text, was sie nötig gemacht hat: Es werden Autos gebraucht, die mindestens so gut sind wie bisher (der Mercedes ist natürlich besser) und außerdem mit Rohstoffen und der Umwelt schonend umgehen. Das Zauberwort heißt „Technologie der Entlastung". Der einzelne Mensch, sofern er sich zu den Mercedes-Fahrern zählt, wird entlastet bei der Arbeit des Fahrens und die Gesellschaft wird entlastet durch geringeren Energiebedarf und Umweltschonung.

„Die neue S-Klasse von Mercedes-Benz hat mit der gleichzeitigen Verbesserung des individuellen wie des gesellschaftlichen Nutzens einen neuen Trend gesetzt", heißt es einleitend kurz und knapp. Ein paar Absätze weiter wird es konkreter: „Größerer Nutzen für Fahrer und Mitfahrer: Verbesserte Sicherheit. Zusätzliche Fahrleistungen. Mehr entlastender Komfort. Sicherstellung notwendiger Leistung. Und gesteigerte Wirtschaftlichkeit: durch geringeren Kraftstoffverbrauch, durch zusätzliche Maßnahmen zur Werterhaltung und durch weniger und leichter durchzuführende Wartung und Reparaturen. Größerer Nutzen für Alle: Erhebliche Material- und Kraftstoffeinsparung. Geringerer Materialverschleiß durch mehr Korrosionsschutz. Vorbeugende Maßnahmen zur Verminderung von Unfallfolgen. Schutz vor Beschädigungen von außen. Weniger Geräusche. Erweiterte technische Voraussetzungen für optimales Verkehrsverhalten des Fahrers."

Das bewährte Argument, daß derjenige, der sich für die S-Klasse entscheidet, nebenbei ein gutes Werk tut, findet sich auch hier. Man hat offenbar Gefallen daran gefunden, Marktforschungen werden seine Zugkraft belegt haben. Daß man mit solchen Thesen den Prospektleser jetzt nicht mehr überfallartig und aggressiv konfrontiert, sondern ihn allmählich zum Licht der Erkenntnis führt, paßt gut zur vornehmen Note der Produkte. Fazit der ersten beiden Seiten, ehe es an das eigentliche Objekt geht: „Die Neue S-Klasse hat die Voraussetzung für eine sichere Zukunft des Automobils auch unter veränderten Bedingungen geschaffen. Sie wird deshalb Technik und Stil vieler Automobile prägen. Bis über die achtziger Jahre hinaus." Schwäbisches Selbstbewußtsein: Nicht nur die Mercedes-Kunden müssen dankbar sein, sondern die gesamte Automobilindustrie...

Ein Dreifachblatt zum Aufklappen zeigt die neue Achtzylinder-Limousine, silbern glänzend auf dunklem Grund. Unten ist der stattliche Wagen im Spiegelbild zu sehen. Er ist präsentiert wie ein Schmuckstück. Immer wieder rückt der Prospekt die Linienführung ins Bild, von vorn, von hinten, schräg von oben ist das Auto zu bewundern. In feiner Untertreibung sagt die Überschrift: „Der Stil der Neuen S-Klasse ist kompromißlos und funktionell." Die Schlußfolgerung „... und schön" bleibt dem Betrachter überlassen. Flotte Fahrt auf der Autobahn, der Wagen im Windkanal, in der Eiskammer oder zügig durch die Kurve getrieben, 58 Seiten bieten viel Platz für schöne Bilder. „Mercedes-Benz 380 SE und 380 SEL: Ihre Leistung machen sie unvergleichlich", heißt es auf den abschließenden Seiten, ehe man bei den „Großen" zum Kern der Sache kommt:

Linien klassischer Eleganz: Der W 126 von allen Seiten

S JN 1241
S JN 1077

Frühlingsfahrt mit der S-Klasse

„Mercedes-Benz 500 SE und 500 SEL. Die zeitgemäßen Repräsentanten einer neuen internationalen Spitzenklasse.“ Dazu passend braust auf dem letzten Bild des Heftes ein 500 SE mit Pariser Kennzeichen davon.

Drei Jahre nach Einführung der Baureihe kommt ein neuer Prospekt heraus. Im Aufbau dem ersten ähnlich, jedoch mit kürzeren Texten und einem neuen, das Besondere verkörpernden Schrifttyp versehen. Er wird für einige Jahre für Mercedes-Prospekte Gültigkeit haben.

Das Deckblatt zeigt jetzt nicht mehr eine Limousine im voller Fahrt, sondern eine gezeichnete Seitenansicht. Die Argumentation hat sich geändert, der Anspruch, der Automobilindustrie den Weg zu weisen und der Gesellschaft zu dienen, ist auf wenige Andeutungen reduziert. Dafür werden von Anfang an und unverblümt die Vorzüge des Wagens für den Nutzer herausgestrichen. „Die Summe dieser Eigenschaften macht die S-Klasse zu einem Angebot für Fahrer, die gewohnt sind, zwischen einem Nutzgegenstand und einem Wertgegenstand keinen Trennungsstrich zu ziehen. Sie sind darüber hinaus ein Beweis für die Aktualität und Zukunftssicherheit von Automobilen, wie sie Mercedes-Benz heute baut und morgen bauen wird.“ Unüberhörbar die Absicht, den Interessenten ein wenig „Honig ums Maul zu schmieren“.

Im Achtzylinder-Prospekt grüßt der Wagen den Betrachter von vorn in Dunkelblau vor tiefschwarzem

„Himmel“ und grauer „Straße“, auf dem folgenden Aufklappblatt steht er in derselben Farbaufteilung, kunstvoll an- und ausgeleuchtet, in Seitenansicht da. Das nächste Faltblatt zeigt den Innenraum in aller Pracht, viel braucht das Weitwinkelobjektiv nicht nachzuhelfen, um das Raumangebot vorn und hinten deutlich zu machen. Mehr als im ersten Prospekt werden Einzelinformationen in Kurzform und mit kleinen Fotos vermittelt. Erstmals gehört eine Röntgendarstellung dazu. Erneut von künstlerischem Niveau ist die Fotoauswahl: Der Hintergrund paßt zu allen abgebildeten Wagenfarben. Das Schlußbild zeigt einen 380 SEL beim Abbiegen von der Autobahn, es wird dunkel, gleich ist der Mercedes-Fahrer gut zu Hause angekommen...

„Leistungs-Elite also in Technik und Linie, in Komfort und Vernunft. Exclusivität durch überlegenen Gesamtnutzen. Großzügiger und durchdachter Innenraum mit einer Vielzahl neuer Komfort-Details für das häufige und lange Fahren. Ruhige Konzentration und Entspannung für Fahrer und Mitfahrer, optimale Sicherheit rundum. Und nicht zuletzt die Wertbeständigkeit von Mercedes-Benz, die heute mehr denn je zu verantwortungsbewußter Fortschrittlichkeit gehört.“ So stimmt der dritte Prospekt zur Baureihe den Leser ein.

Die Wagen sind überarbeitet und sollen den kommenden Siebener-BMW Paroli bieten. Den Titel prägt nun wieder ein Foto, Leuchenteinheit und Kühlergrill in Nahaufnahme, aus einer schwarzen Fläche auftauchend. Darüber, dort wo eigentlich die Windschutzscheibe zu sehen wäre, sind Typbezeichnungen und der Stern plaziert. Das Stilmittel, die Autos ohne natürliche Umgebung bei sorgfältiger Auswahl der Wagenfarben vor einen dunklen Hintergrund zu stellen, zieht sich durch den ganzen Prospekt.

„Das neue Programm der S-Klasse: Leitbild in Leistung und Linie“ lautet die Überschrift auf der ersten Seite. Von rechts kommt der seitlich aufgenommene Bug wie ein Pfeil ins Bild. Es folgt ein Blatt zum Aufklappen. Ehe der Betrachter aber die S-Klasse in Langversion richtig genießen kann, noch schnell ein Text, zu lesen beim Aufklappen unter der einstimmenden Überschrift: „Die Form als Ausdruck von Kraft und Ästhetik“. Dann steht er da, in Diamantblau (hinter der Werksbezeichnung verbirgt sich ein feines Grau) vor schwarzem Hintergrund. Sehr wirkungsvoll. Bei der optischen Erläuterung der neuen Motoren findet erstmals eine Bildschirmzeichnung Verwendung, ebenso beim Kapitel über Sicherheit, schließlich verkörpert Daimler-Benz ja den technischen Fortschritt. „Der Erste unter den Besten: Mercedes-Benz 560 SEL“, so die Überschrift bei der Einzelbeschreibung, bevor nach dem Aufklappen das Prachtstück, aufgenommen von hinten und nach links versetzt, in Dunkelblau vor schwarzem Grund sichtbar wird. Herausgehoben ist das Spitzenmodell dadurch, daß es als einziges eine Einzelwürdigung erfährt. Auch die sonst so zielsicheren Werbetexter von Mercedes formulieren nicht fehlerfrei: Die Überschrift „Eine Fülle von Vorteilen greift ineinander“ ist unpräzise, denn eine Fülle kann nicht greifen. Das müssen die Vorteile schon allein tun. Und sie tun es, auch in diesem Prospekt.

Noch einmal wird neu formuliert, neu fotografiert und gedruckt. Auffällig bei den 1987 (Titel mit großem Foto und darin eingeklinkter Schrift zu den Typbezeichnungen) und 1989 (kleines Foto auf blauem Grund) erschienenen Ausgaben ist die Verwendung erlesenen Papiers. Fast schon so dick wie Pappe, hochglänzend, dokumentiert es zusammen mit der wiederum sehr überlegten grafischen Gestaltung eindrucksvoll die Spitzenstellung des Wagens, die er seit seiner Premiere innehat, trotz einiger Gefährdung durch den großen BMW. „Die Summe der Qualitäten“ (jetzt stimmt das sprachliche Bild), so beginnt der Text in beiden, sich sehr ähnelnden Prospekten. Das bekannte Fotomotiv der breiten Leuchteneinheit ist in den Text eingeblockt, zwei feine, vertikale Linien umranden die Zeilen. Dieses Stilmittel findet sich im ganzen Heft.

Meisterhaft die Arbeit der Fotografen, die diesmal häufig Spiegelungen und anderen Lichteffekte angewendet haben. Beispiel: Die zur Frontscheibe hin ansteigende Motorhaube mit den zwei Wasserspritzdüsen an Hand einer schwarzen Limousine darzustellen, ist kein alltägliches Fotografenwerk. Das Mittelblatt der ersten Ausgabe zeigt einen 300 SEL vor imposanter Hochhauskulisse und wiederholt damit das Motiv des Titelbildes. In der zweiten Ausgabe fehlt dieses Bild. Die Auszeichnung des Mittelblattes gebührt hier der exklusiven Leder-Innenausstattung. Zusätzlich aufgenommen wurde die Farbpalette, für das Bild des Fahrerplatzes wurde eine mit Airbag ausgerüstete Limousine verwendet. Man zeigt, was man hat.

4. Generation (W 140)

Es fehlt nur noch der feste Einband und man könnte von einem Buch sprechen. Fadenheftung, fester Rükken, ein feines, blaues Lesebändchen, paginierte Seiten sowie ein Inhaltsverzeichnis sind Buchstandard. „Die S-Klasse von Mercedes-Benz“ heißt der vom Werk selbst als Katalog bezeichnete, 58 Seiten starke Prospekt für die Premiere in Genf 1991. Die Gestaltung ist – selbstverständlich – vornehm und gleichzeitig an der grafischen Mode zu Beginn der neunziger Jahre orientiert. Verwendung kleiner Bildformate als Gegenpol zu den nach wie vor benutzten Großformaten und aus ihrer „Umgebung“ herausgeschnittene, freigestellte Bilder gehören dazu. Eine klare Textanordnung mit Vorspännen und Zwischenüberschriften verpackt auch technischen Stoff lesefreundlich.

Auf allen Plätzen der Welt gibt die S-Klasse der Baureihe W 126 ein gutes Bild ab

Das Titelbild macht Eindruck durch seine ungewöhnliche Aufteilung: ganz oben, quer über die Seite, ein Bild des Wagens von vorn, nicht höher als drei Zentimeter. Das Auto scheint, aus einer Wüstenlandschaft heraus – es handelt sich um einen ausgetrockneten Salzsee – , auf den Leser zuzufahren. Darunter in Großbuchstaben und feiner, dünner Schrift der Titel des (geplanten) Bestsellers und ganz unten der Stern, erhaben gedruckt. Es verblüfft, daß die große, freie, in grau gehaltene Fläche nicht langweilig wirkt, sondern das klein abgebildete Auto stark hervorhebt. Das Inhaltsverzeichnis folgt auf dem Klappendeckel, zu lesen gibt es dann etwas auf der ersten, pergamentartigen Seite. Gleichberechtigung wird praktiziert, zumindest formal: „Sehr geehrte Kundin, sehr geehrter Kunde", so beginnt der Text und unterstellt, daß es sich bei Leserin und Leser um alte Kunden oder zum Kauf entschlossene Interessenten handelt. „Ihr Interesse an der neuen S-Klasse ist für uns natürlich eine besondere Freude. Denn in diesen Wagen haben wir all das hineingedacht, hineinkonstruiert und hineingestaltet, was wir in über 100 Jahren über die Kunst des Autobauens gelernt haben. Mit der neuen S-Klasse hatten wir uns vorgenommen, Ihnen die absolute Spitze dieser Kunst vorzustellen. Nicht mehr und nicht weniger. Nach dem Studium dieses Kataloges können Sie schon ein bißchen beurteilen, ob uns das gelungen ist. Ihre Mercedes-Benz AG."

Diese Einstimmung in Worten setzt in Großaufnahme der schon durch das Pergamentblatt durchscheinende, in Goldlicht glänzende Stern auf der Kühlerhaube fort, eine Großaufnahme des Teils am Auto, das für nicht wenige Kundinnen und Kunden das wichtigste ist. Zwei Seiten Geschichte („Am Anfang war der Stern") mit optischer Erinnerung an den Mercedes SSKL von 1931 – zwar kein Vorgänger der S-Klasse, aber der Über-Mercedes schlechthin – schliessen sich an. Die allgemeinen Erläuterungen werden fortgesetzt mit einem Blick auf Mercedes im Motorsport und die Qualitätsansprüche des Werkes und münden dann ein

in die Themenbereiche „Umweltverträglichkeit" – bewußt wird auf den im Zusammenhang mit Autos irreführenden Begriff „Umweltschutz" verzichtet – und Service.

Nun weiß man Bescheid, nun kann es richtig losgehen. „Das Neueste vom Erfinder des Autos: die neue S-Klasse". Wieder bereitet ein Pergamentblatt den folgenden Fotos optisch den Weg. Zuerst blickt den Betrachter die feine Limousine an, plaziert auf der schon bekannten Wüstenfläche. Immer noch etwas im Hintergrund, aber groß genug, um sich die Konturen einzuprägen. Das folgende Doppelblatt zeigt das Auto in voller Größe, abgesetzt ist das stimmungsvolle Foto allerdings durch einen breiten Rand. Die Bildzeile erläutert – fast befürchtend, der Betrachter könnte etwas vermissen – : „Das Design eines Mercedes der S-Klasse war nie revolutionär. Und dennoch hat es oft noch 10 Jahre später die Gestaltung anderer Autos entscheidend beeinflußt." Das nächste Doppelblatt: der Wagen in Schwarz, von vorn und ganz nah aufgenommen, wie auf dem Sprung. „Fahrwerkstechnisch gesehen ist die S-Klasse eher ein Sportwagen, der nur ganz nebenbei wie eine Limousine aussieht." Es geht weiter und jetzt wird es ernst: Derselbe schwarze Wagen, ein V12, wie sich nun herausstellt, ist von der Seite zu sehen, die Türen geöffnet. Einsteigen bitte. Platz zum Fahren ist reichlich vorhanden, wir stehen immer noch auf der schon vertrauten Wüstenfläche...

Auf diesen beiden Seiten wird der Blick von Kundin und Kunde wohl länger verweilen. Der Schriftzug V12 springt immer wieder ins Auge. Man könnte fast vergessen, was der Wagen kostet... Wie man darin sitzt, zeigen die nächsten zwei Seiten, garniert mit Argumentationshilfen für denjenigen, der glaubt, anderen seine Kaufentscheidung erläutern zu müssen: „Wer im Durchschnitt 12 Stunden am Tag arbeitet, hat ein Recht auf ein bißchen Vergnügen" (im Bild der Fahrerplatz) und „Wer im Durchschnitt 12 Stunden am Tag arbeitet, hat ein Recht auf ein bißchen Entlastung" (im Bild die Fondsitze).

Es muß nicht immer ein V12 sein, die folgenden Blätter zeigen den 300 SEL von hinten, Farbe Rauchsilber. Die Seiten 24 und 25 bieten eine wohlgeordnete Übersicht verschiedener Blickwinkel, in kleinen Bildern gefühlvoll zusammengestellt. Nach nochmaliger Präsentation im Großformat beginnt das Kapitel „Die inneren Werte der S-Klasse". Beim Pergamentblatt gibt es eine Neuerung: Nicht mehr ein Text ist aufgedruckt, sondern der Wagen in Nahaufnahme von oben, mit Motorhaube und Windschutzscheibe. Blättert man um, hat man den selben Wagenausschnitt mit geöffneter Motorhaube vor sich und erblickt – natürlich – den Zwölfzylinder.

Nun folgt Lesestoff. Unter den Stichworten „Entlastung", „Aktive Sicherheit", „Passive Sicherheit", „Intelligente Technik", „Umweltverträglichkeit", „Lacke" – die Farbwahl ist unverändert ein wichtiges Kriterium beim Autokauf – „Innenausstattung", „Ausstattungsumfang" sowie „Technische Daten" beschließen ausführliche, mit Illustrationen bereicherte Texte das Heft.

Komfort, Geräumigkeit und Sicherheit sind besondere Stärken der neuen S-Klasse

Viel Raum und gute Plätze bietet der W 126

Die Suche nach dem besten Auto der Welt

Probleme mit der Presse hat es bei Daimler-Benz fast nie gegeben, wenn es ausschließlich um Autos, insbesondere um die Personenwagen ging. Die berühmte Frage, was zuerst dagewesen ist, die Henne oder das Ei, läßt sich auch im Zusammenhang mit den positiven Schlagzeilen stellen, die Mercedes jahrein jahraus bei der deutschen Presse fand. Waren die Autos wirklich so gut oder war (und ist) die Presse „mercedesäugig"? Eine Hauptrolle spielten und spielen bis heute die Fachzeitschriften, die sich an das breite Publikum wenden. Vor allem der Marktführer „auto motor und sport" mußte sich immer wieder aus Leserkreisen den Vorwurf anhören, dem guten Stern alle Straßen frei zu machen. Solche Kritik stammte meistens von Lesern, die sich einer anderen Marke verschrieben hatten. Faktisch feststellbar war eine Vorliebe der Stuttgarter (!) Redaktion für Mercedes nie, und doch gab es über Jahrzehnte kaum einen Vergleichstest, bei dem ein Mercedes auf einem zweiten oder noch schlechteren Platz landete. Die Kritiker vermuteten den Haken in den Testkriterien, ohne es aber beweisen zu können. Auch die anderen Zeitschriften, die Motorseiten der Tagespresse und die ausländische Fachpresse trugen zu publicityträchtigen Schlagzeilensammlungen bei, die die Daimler-Benz-Presseabteilung dann gern unter die Leute brachte.

Erst in der zweiten Hälfte der achtziger Jahre waren andere Töne zu hören, als die mittlere Baureihe W 124 anfangs Schimpf bei der Kundschaft erntete und BMW sich im Glanz des neuen Siebener sonnen konnte. „Erstmals Zweifel an Mercedes", setzte „auto motor und sport" auf das Titelblatt (1/87) und machte einen „Schatten auf dem Stern" aus. Und in Heft 20 desselben Jahrgangs prangte das Ergebnis eines Vergleichstest vom Titelblatt: „Das beste Auto der Welt: BMW 750 iL überholt Mercedes 560 SEL." Das war neu für die Leser und neu für Mercedes, wie die Situation, sich gegen ernsthafte Konkurrenz wehren zu müssen. Bis dahin waren die S-Klasse und zuvor das Einheitsmodell „Heckflosse", die Ponton-Baureihe und die ersten Nachkriegsmodelle stets der Maßstab ihrer Klasse gewesen. Eine Klasse, in der der Verkaufspreis keine entscheidende Rolle spielt, so daß auch dieser Kritikpunkt – beim kleinen 190 ab 1982 immer wieder angebracht – zu vernachlässigen war. Das macht die unübersehbare Sammlung positiver, sogar begeisterter Stimmen aus den Redaktionsstuben erklärlich. So gut, wie im Prospekt beschrieben, waren auch die großen Mercedes-Limousinen nicht, so gut, wie in Testberichten ermittelt, waren sie aller Wahrscheinlichkeit nach aber doch. Dabei ist genau zu unterscheiden zwischen reinen Modellpräsentationen und ausführlichen Tests. Fast jedes neues Auto wird von Fach- und Tagespresse positiv aufgenommen. Mängel kann noch niemand kennen, das neue Modell stellt in der Regel den neuesten Stand der Technik dar, mit Geschick inszenierte Präsentationen der Hersteller verfehlen ihre Wirkung oftmals nicht. Im harten Test sieht dann manches anders aus.

1. Generation

Mitte der sechziger Jahre gab es keinen Anlaß, die Spitzenstellung der großen Mercedes in Frage zu stellen. Eine weitere Sammlung positiver Schlagzeilen baute sich auf. „auto motor und sport" fand für seinen Testbericht zum 250 SE in Heft 2/66 die Schlagzeile „Perfektion mit Symbolgehalt". Auf den ersten Blick in ihrer positiven Aussage kaum noch steigerungsfähig, enthielt sie einen Schuß Kritik am Verbraucher, der einen neu geformten Mercedes als Statussymbol haben wollte und ihn deshalb auch bekam. Tester Reinhard Seiffert trauert sogar etwas den Vorgängern, der „Heckflosse", nach, stellt aber abschließend fest: „Es besteht nicht oft Anlaß, bei Autos von Perfektion zu reden, aber hier kann man es – trotz allen Einwendungen, die gegen dieses oder jenes zu erheben sind." Negativ kreidete Seiffert dem Wagen „relativ geringe Motorelastizität und schwergängige Schaltung" an, positiv registrierte er „erstklassigen Komfort durch gute Federung, leisen Lauf und durchdachte Ausstattung, hohe Fahrsicherheit, sehr gute Fahrleistungen und ausgezeichnete Karosseriequalität".

Eine ernsthafte Konkurrenz von „auto motor und sport" war damals die noch bis in die frühen siebziger Jahre existierende „Motor-Rundschau" aus Frankfurt. Sie pflegte einen technisch-sachlichen Stil und fand in Fachkreisen, weniger beim breiten Publikum, viel Beachtung. Ihr Testfazit zum 250 S Automatik in Heft 3/66: „Ein in dieser Klasse unerreicht komfortables Auto, leider mit unzureichender Kopffreiheit im Fond und viel zu kurzem Innenraum. Trotz beachtlicher Größe wirkt der Wagen zierlicher als er ist. Sehr gute, gediegene und durchdachte Ausstattung, sehr gute Verarbeitung. Auch mit automatischem Getriebe temperamentvoll. – Durchschnittliche Fahreigenschaften durch Eingelenk-Pendelachse hinten und seitenwindempfindliche Karosserie." Das klingt kritischer, als es gemeint ist, denn abschließend stellt das dreiköpfige Testteam J. Fischer, Ing. Ch. Bartsch und P. Behsa fest: „Ein so teures Auto wie der Mercedes-Benz 250 S Automatik ist zwar nicht für jeden Geldbeutel erschwinglich, wohl aber der Wunschtraum vieler. Nicht zu Unrecht, denn in seiner Preis- und Leistungsklasse liegt er bezüglich Komfort und leichter Bedienbarkeit an der Spitze. Daß auch er nicht vollkommen ist – wer will ihm das übelnehmen?"

Mitte der sechziger Jahre überraschte „auto motor und sport" mit einem völlig neuen Testinstrument: mit dem der Meinungsumfrage. Der „Automobil-Report" breitete vor dem Leser Erfahrungsberichte aus. 100 Fahrzeuge des selben Typs, repräsentativ ausgesucht, sollten ein besseres Bild über Mängel in der Praxis geben als es selbst ein Dauertest konnte. Meinungsumfragen waren zu jener Zeit der letzte Schrei. Salonfähig gemacht durch das Allensbach-Institut von Frau Noelle-Neumann wurden sie überall angewendet. Dabei ging es sehr schnell nicht nur um Daten abgeschlossener Vorgänge, sondern auch um die Zukunft. Die Lust, vorauszuschauen und den Eindruck zu erwecken, man wisse schon alles, zum Beispiel, wie die nächste Bundestagswahl ausgehen würde, faszinierte viele Menschen. Erst als Wahlprognosen der Meinungsforschungsinstitute durch die Realität auch mal zum Gespött des Publikums wurden, baute sich eine kritische Distanz zur Demoskopie auf. Durchgesetzt hat sie sich auf vielen Gebieten, vor allem im Marketing. Im Bereich der Autotests allerdings nicht. Das Mitwirken der Verbraucher hat sich seit den siebziger Jahren wieder auf nicht repräsentative Erfahrungsberichte von Zeitschriftenlesern beschränkt.

Schnell wurde der Automobil-Report auch zu vergleichenden Betrachtungen herangezogen. Ermittelt wurden Defekte, pro Defekt gab es Minuspunkte. Die Autos waren mindestens 18 Monate in Privathand gelaufen. Daß der Mercedes 250 S gegen den Opel Admiral klarer Punktsieger wurde, überrascht nicht. Interessant ist dabei, wie zahlreich selbst bei einem Mercedes die Defekte seinerzeit waren, wenn sie auch in weit geringerer Zahl auftraten als bei der Konkurrenz, wie der Automobilreport zeigt. So hatten immerhin 13 Fahrer Schäden am Motor (beim Opel 24), 8 am Getriebe (15) und 6 Defekte an der Motorkühlung (25) erlitten. 33 Fahrer klagten über mangelhaften Lack (38), 31 über gelegentliches Klappern (41), 28 über dauerndes Klappern (28). Auch ein Mercedes ist nicht davor gefeit, mit einer Panne liegenzubleiben. 11 Fahrern passierte dieses Mißgeschick einmal, vier von ihnen sogar häufiger. Der Opel hatte hier ganz ähnliche Zahlen. Gute Noten erhielten die Werkstätten beider Marken. Nur 7 Mercedes-Besitzer klagten über mangelhafte Ausführung der Inspektionen, 6 waren es beim Opel Admiral. Am Ende stand der Mercedes als glanzvoller Sieger da. 582 Minuspunkte – für manche Mängel gab es die doppelte oder dreifache Punktzahl – hatten sich zwar angesammelt, der Opel hatte aber „stolze" 895 auf dem Konto. Autor Klaus Kulkies stellte abschließend fest: „Der Mercedes 250 S ist dem Admiral in der Alltags-Gebrauchstüchtigkeit deutlich überlegen. Die Käufer des Mercedes haben weniger Ärger mit dem Motor, mit der Kupplung und mit den Bremsen. Die Karosserie des Mercedes ist besser verarbeitet. Der 250 S ist das zuverlässigere Auto..." Um wieviel weniger gebrauchstüchtig die Autos der sechziger Jahre im Vergleich zu den heutigen waren, läßt sich aus einer im Rückblick sehr interessanten Passage des Reports ableiten: „Der Traumwagen von morgen braucht weder versenkbare Scheinwerfer noch einen Haufen automatischer Gags zu haben. Er braucht gar nicht so viel zu können. Er sollte lediglich in der Lage sein, von einer Inspektion zur nächsten seine 5000 Kilometer herunterzuschnurren, ohne zwischendurch eine Werkstatt sehen zu müssen. Wir wissen: Nach dem heutigen Stand der Technik ist das zu viel verlangt. Der Mercedes 250 S beweist, daß das zu viel verlangt ist. 37 Prozent der 250 S-Fahrer mußten mit ihren Wagen auch außerhalb der Inspektionen in die Werkstatt. Das ist der günstigste Wert aller bislang im Automobilreport beobachteten 24 Wagentypen..." Anfang der neunziger Jahre ist ein Inspektionsintervall von 20 000 Kilometer die Norm, einige kommen schon mit 50 000 aus...

Nicht nur für die Leserschaft, sondern auch für die Redaktion von „auto motor und sport" dürfte der Vergleichstest der Oberklasse, veröffentlicht in Heft 18/70, ein Höhepunkt im Autojahr gewesen sein. Eine stattliche Karawane war aufgefahren: BMW 2800, Fiat 130, Jaguar XJ 6, Mercedes 280 SE und Opel Admiral E. Es mag vielen ein Schauer über den Rücken gelaufen sein,

Sonntagsausflug mit der Prestigelimousine zu historischer Stätte

als sie lasen, daß die Fahrzeuge zusammen mehr als 100 000 DM kosteten (Überschrift „Club der 100 000"). 1990 kostete der teuerste Mercedes der S-Klasse, der 560 SEL, 137 028 DM, der teuerste Sechszylinder – analog zum 280 SE der 300 SEL – 72 960 DM. Die Preise der Testkandidaten von 1970 lagen zwischen 18 900 DM (Fiat) und 22 699 DM (Mercedes). Fiat und Jaguar waren reine Liebhaberfahrzeuge, nur BMW und Opel konnten mit Verkaufszahlen aufwarten, denen man bei Mercedes Beachtung schenkte. Die Entscheidung war diesmal knapp und ging überraschenderweise an Opel. 332 Punkte sammelte er in den fünf Kategorien Karosserie/Ausstattung, Motor/Leistung, Handlichkeit/Bedienung, Fahrkomfort und Fahrsicherheit, genau einen Punkt mehr als der Mercedes. Knapp dahinter folgte der Fiat mit 330 Zählern vor BMW (328) und Jaguar (327). Die Schlußfolgerung des Testteams: „... Fünf Punkte Differenz zwischen dem ersten und dem letzten: Das bedeutet, daß es eigentlich kein ersten und keinen letzten gibt, sondern fünf etwa gleichwertige Autos. Bemerkenswerterweise kommt mit dem Opel ein Auto auf die höchste Punktzahl, das in keiner Wertung vorn gelegen hat. Mit anderen Worten: der Opel ist in keiner Hinsicht Spitze, aber er schneidet in allen Wertungen gut ab ... Der Mercedes hätte das Rennen leicht gewonnen, wenn er nicht in der Fahrsicherheitswertung auf den letzten Platz gerutscht wäre. Er ist nach wie vor ein Auto von überzeugender Qualität, aber mit dem Nachteil einer nicht mehr zeitgemäßen Fahrwerkskonstruktion ..." In dieser Wertung mußte sich der 280 SE, zwei Jahre vor Ablösung des Typs, mit 76 Punkten gegenüber maximal 92 (Fiat) und 91 (Opel) zufriedengeben.

Erhielt schon der 280 SE pauschales Lob, war dies beim Spitzenmodell 300 SEL 6.3 erst recht zu erwarten. Testberichte über dieses Auto lassen die Freude spüren, mit der die Autoren ans Werk gingen, für sie muß die Testfahrt wie ein Feiertag mitten in der Woche gewesen sein. „Wir übernahmen eines der sorgfältig gehüteten Erstexemplare, das noch nicht mit der Bezeichnung ‚6,3' verziert war. Das Fehlen dieser Bezeichnung hat zweifellos einige Porsche 911 und 911 S-Fahrer in Verwirrung gebracht, die – sonst Könige der Autobahn – von dem harmlos-distinguiert aussehenden Mercedes abgehängt wurden. Falls einer von ihnen zufällig diese Zeilen lesen sollte: er braucht sein Fahrzeug nicht wegen mangelnder Leistung beim Werk zu reklamieren. Es ist vielmehr so, daß der 6,3-Liter-Mercedes in der Beschleunigung und in der Spitze etwa genauso schnell ist wie ein Porsche 911 S." So schrieb Reinhard Seiffert in „auto motor und sport" 6/68 beim Kurz-Test. Verglichen wurde die Super-Limousine in der Datenübersicht außer mit dem 600 aus dem selben Haus und dem 911 sogar mit Iso Rivolta, Iso Grifo und Ferrari 330 GTC. Der Ferrari erreichte nach Redaktionsmessungen zwar eine um 25 km/h höhere Endgeschwindigkeit (245 Km/h) als der Mercedes, in der Beschleungung bis 100 Km/h ist er dem Mercedes (mit Automatik!) aber um fünf Zehntel unterlegen und schafft es „nur" in 7,0 Sekunden.

Die Sachlichkeit stets besonders hervorhebende „Motor-Rundschau" erinnert sich auch beim 300 SEL 6,3 zurück: „Es ist selten, daß abgebrühte Automobiltester mit einem Auto ganz zufrieden sind, aber dieser neue Mercedes hat uns sehr gut gefallen, und Fahreigenschaften wie Fahrleistungen haben uns begeistert. Wir sind sicher, daß das Auto seinen Weg machen wird, auch gegen stärkste internationale Konkurrenz."

2. Generation

Nicht nur, weil man das Beste erwartet, sondern auch, weil so etwas selten auf der Tagesordnung steht, ist die Präsentation einer neuen S-Klasse-Generation S-Klasse ein Ereignis für Redaktion und Leserschaft. Schon die Schlagzeilen der ersten Testberichte machen deutlich, welche Spuren der neue Wagen, hier der 350 SE, hinterlassen hatte: „Hohe Schule" setzte „auto motor und sport" kurz und wirkungsvoll als Überschrift zum Testbericht, „Auf dem Weg der Vollkommenheit" die „Auto Zeitung". Seit Februar 1969 war diese Zeitschrift auf dem Markt. Als Wochenzeitung konzipiert, sollte sie eine besonders aktuelle Alternative sein zu „auto motor und sport" und „mot" aus der Stuttgarter Motorpresse. In „mot" war übrigens Anfang der siebziger Jahre die „Motor-Rundschau" aufgegangen. Die „Auto Zeitung" legte Zeitungsformat und Papier schon im August 1969 ab und trat als 14tägig erscheinende Zeitschrift in direkte Konkurrenz zum Marktführer aus Stuttgart. „Tradition und Fortschritt", schrieb Jürgen Stockmar – in den achtziger Jahren wird er eine Karriere als Manager bei Audi machen – in dieser Zeitschrift über den 350 SE „im Automobilbau untrennbar miteinander zu verknüpfen, ist bisher nur wenigen großen Marken gelungen. Mercedes-Benz gehört unzweifelhaft dazu. Paradebeispiel: die neue S-Klasse von Daimler-Benz. Bei Mercedes ist man sich schon lange darüber im klaren, daß ein über Jahrzehnte gepflegtes Image allein für die Zukunft keinen Erfolg garantieren kann. Schließlich schläft auch die Konkurrenz nicht und bietet in der Großlimousinenklasse mit so aufwendig wie interessant gebauten Modellen wie dem BMW, der Admiral/Diplomat-Reihe von Opel und dem Fiat 130 sehr viel Kaufanreiz. Zwar bröckelten die Verkaufszahlen der alten S-Klasse kaum ab. Doch die Modelle 250 S/SE und 280 S/SE waren immerhin sieben Jahre lang kaum verbessert worden. So benötigte der Reihensechszylinder dringend eine Verjüngungskur, die Eingelenk-Pendelachse mit ihrem kritischen Verhalten im Grenzbereich war ebenfalls veraltet. Gründlich wie selten zuvor haben die Stuttgarter Ingenieure die

Vor dem Grand-Hotel ist ein 6.9 vorgefahren

Entwicklung der neuen Modelle 280 S/SE und 350 SE betrieben, obwohl sie aus Aggregaten komponiert wurden, die alle schon ihre Bewährungsprobe im eigenen Haus bestanden haben..."

Nur wenig gab es zu kritisieren, etwa, daß schwergewichtige Personen im Fond nicht sehr bequem sitzen konnten oder daß die Lichtschalter unpraktisch sind. Keine Kritik forderte ein Punkt heraus, der in späteren Jahren viel Gewicht bekommen sollte: der Verbrauch. Es ist kurz vor der Ölkrise des Jahres 1973, als der Tester am Rande vermerkt: „Wenn auch sonst die Fahrzeugmasse nicht bemerkt wird, so fordert sie beim Tanken doch ihren Tribut. Bei zügiger Autobahnfahrt pumpt die elektronisch gesteuerte Benzineinspritzung über 20 Liter Super auf 100 Kilometer durch die Düsen. Dennoch erlaubt der 96-Liter-Tank Etappen von über 450 Kilometer Länge." Von Rohstoffknappheit oder Umweltverträglichkeit des Autos keine Rede, da die Unterhaltskosten in diesem Zusammenhang keine Rolle spielten, war nur noch die Reichweite des Wagens von Interesse.

„Mit der neuen S-Klasse ist es Mercedes gelungen, der technischen Perfektion im Automobilbau ein beträchtliches Stück näher zu kommen." Mit dieser Feststellung beginnt Fritz Reuter in „auto motor und sport" seinen Test zum 350 SE. Die „Hohe Schule" schlägt sich in vielen Vorteilen nieder („Qualitativ hochwertige Karosserie mit hohem Sicherheitswert; laufruhiger, drehfreudiger V8-Motor; sehr guter Fahrkomfort; sichere Fahreigenschaften; ausgezeichnete Lenkung; sehr gute Bremsen"), aber auch zwei Nachteile sind vermerkt: „Hoher Verbrauch" (also doch, ermittelt wurden 24 Liter auf 100 Kilometer) und „Beim Gaswegnehmen in Kurven Übersteuertendenz". An der Note 1 für das Auto kann das nichts ändern. Ein einziges Kompliment der Schlußsatz: „Das Vergnügen, einen Mercedes 350 SE zu fahren, ist leider ein teures Vergnügen und kann deshalb nur von einer Minderheit genossen werden." (Mercedes-Kunden empfanden das sicherlich als Vorteil.) „Das ist zu bedauern, denn für das viele Geld bekommt man nicht nur Repräsentation und Status-Symbolik, sondern vor allem eine Fülle von Vorzügen, wie man sie eigentlich jedem Auto wünscht: hohe Fahr- und Unfallsicherheit, perfektionierte Karosserietechnik, überragender Komfort, hohe Kraftreserven, müheloses Fahren und mustergültige Verarbeitung. Und all diese schätzenswerten Dinge setzen sich in überzeugender Weise zu einem Gesamtbild zusammen, auf dem eines klar zu erkennen ist: eines der perfektesten Autos der Welt."

In die Jahre kommen selbst solche Autos. In Heft 6/78, eineinhalb Jahre vor Auslaufen der Serie, untersuchte „auto motor und sport" deshalb die Frage, ob der neuen Siebener-BMW der S-Klasse das Wasser reichen kann. Daß es der alte Dreiliter-BMW durchaus konnte, hatte ein früherer Vergleich zwischen dem

BMW 3.0L und dem 280 SE gezeigt. Nun standen sich BMW 728 und Mercedes 280 S gegenüber, beides die Einstiegsmodelle in die Prestige-Klasse. Seinerzeit war dieser Einstieg für rund 30 000 DM zu haben. Ums Prestige ging es vor allem: „Gerade in dieser Hinsicht ist der Mercedes bestens gerüstet, dessen ausladende, massiv wirkende Karosserie schon optisch nach einer größeren Garage verlangt. Eher zierlich wirkt dagegen das mit großen Fensterflächen versehene BMW-Gehäuse, dem man das fünf Jahre jüngere Design durchaus ansieht. Und welches zudem, trotz kompakterer Außenmaße, ein dem Mercedes vergleichbares Innenraum-Angebot vorweisen kann. Mercedes setzt auf eine solide, eher bieder erscheinende Interieur-Gestaltung, BMW stellt dem eine sportlich-dynamische Linie entgegen." Noten von Eins bis Fünf enthielt das Testzeugnis. Obwohl die Wagen in ihrer Anlage recht verschieden waren, erhielten sie ähnliche Bewertungen. Das ist für Mercedes zweifellos ein gutes Ergebnis, denn immerhin stand der Wagen am Ende seiner Laufbahn. Eine Eins erhielt der Mercedes in der Karosserie-Wertung, eine Zwei bei „Ausstattung", „Bedienung und Handlichkeit" und „Motor und Kraftübertragung", eine Drei bei „Wirtschaftlichkeit" und „Fahrleistungen". Der BMW holte sich seine Bestnoten bei „Handlichkeit", „Motor und Kraftübertragung", eine Zwei bei „Ausstattung", „Fahreigenschaften", „Karosserie", „Komfort" und „Fahrleistungen". Auch der BMW schaffte bei „Wirtschaftlichkeit" nur eine Drei, was die Redaktion mit „ausreichend" gleichsetzte.

Einen ganz ungewöhnlichen Vergleich wagte die „Auto Zeitung" 1975, als sie den 450 SEL dem im Mai jenen Jahres vorgestellten Cadillac Seville gegenüberstellte. Dieser war eine Art Compact-Car der Oberklasse und sollte vor allem für den US-Markt eine Antwort auf Mercedes darstellen. Preislich zielte er genau auf den 450 SEL. Das Ergebnis des Vergleichs war keine Überraschung: Jedes Auto setzte auf seinem Gebiet Bestmarken. Fahrsicherheit und Fahrleistungen des Mercedes stellten sich ebenso als eine andere Welt heraus wie umgekehrt die auf bequemes Dahinrollen abgestimmte Ausstattung des Amerikaners. Er hatte bereits eine automatische Klimaanlage, elektrische Sitzverstellung und elektronische Kontrolleinrichtungen in einem Umfang vorzuweisen, wie er sich in Europa erst in den achtziger Jahren durchsetzen sollte. Vermutlich diente der Amerikaner Mitte der siebziger Jahre den Entwicklern auch bei Daimler-Benz als Maßstab für Anforderungen auf diesem Gebiet. Im Komfort nahmen sich beide Konkurrenten nichts. Extremwerte bot der Cadillac bei Höchstgeschwindigkeit und Verbrauch: 177 km/h erreichte er (nur), dafür benötigte er 27,3 Liter auf 100 Kilometer. Der Mercedes kam auf 211 km/h und begnügte sich mit nur 17,9 Litern Sprit auf 100 Kilometer. Außerhalb der USA wurde der Cadillac nie zu einer Konkurrenz für Mercedes. Sein Abnehmerkreis blieb auf die kleine Gruppe der Freunde typisch amerikanischer Autos beschränkt.

Bekanntlich läßt sich der Begriff „optimal" nicht steigern, auch wenn dies in der Umgangssprache häufig geschieht. Die Redaktion von „auto motor und sport" suchte, als sie Mitte 1975 den Mercedes 450 SEL 6.9 testete, offenbar nach der passenden, das Optimum unterstreichenden Schlagzeile und setzte sich damit selbst Maßstäbe. „Das beste Auto der Welt" hieß es auf dem Titel, „Weltbestleistung" in der Überschrift zum Testbericht. Das läßt sich nicht überbieten, oder, umgangssprachlich, „optimaler" kann eine Schlagzeile nicht ausfallen. Die Note Eins gab es für fast alles, Ausstattung, Bedienung und Handlichkeit, Karosserie, Komfort, Leistung, Motor/ Kraftübertragung. Eine Zwei erhielt die Fahrsicherheit, allein die Wirtschaftlichkeit mußte mit der Vier zufrieden sein, in dieser Preisklasse eine zu vernachlässigende Größe. Der Schlußsatz trifft den Kern der Sache: „Zieht man das Fazit aus dem umfangreichen Testprogramm, dem der 450 SEL 6.9 unterworfen wurde, so ist es weniger eine einzelne, besonders hervorstechende Eigenschaft, die an diesem Auto fasziniert, als vielmehr die einmalige Ausgewogenheit und Perfektion, mit der alle Komponenten aufeinander abgestimmt sind. Überlegene Leistung, gediegene Ausstattung und hervorragende Fahrwerksqualitäten machen in ihrer Vollkommenheit aus dem 6.9 ein Auto, das in der Welt nicht seinesgleichen hat."

W 126

Fast jede große Automobilausstellung hat ihren Star, nur selten besteht beim Publikum Uneinigkeit darüber, wem die Rolle der Nummer eins gebührt. In Frankfurt 1979 konnte es überhaupt keinen Zweifel geben. Die neue S-Klasse beschäftigte die rund eine Million Besucher ebenso wie die Redaktionen der Zeitungen, Zeitschriften und bei Radio und Fernsehen. Äußere und innere Werte – die höchst elegante und moderne Linienführung und die Fortschritte bei der Energieeinsparung – nahmen fast jeden Betrachter sofort für das Auto ein. Der „autokatalog", jenes jährlich erscheinende Nachschlagewerk, das in Deutschland seit 1957 Modelljahr für Modelljahr begleitet, kürte ihn in der Ausgabe für 1980 – erschienen zur IAA im September 1979 – zur „Neuheit des Jahres". Professor Werner Breitschwerdt, seinerzeit bei Daimler-Benz Vorstandsmitglied für Forschung und Entwicklung, erhielt Gelegenheit, in einem eigenen Beitrag die neue Fahrzeuggeneration zu beschreiben.

Zum Gelingen einer solchen Präsentation trägt auch die Presseabteilung mit ihren für die Journalisten vorbereiteten Unterlagen bei. Der Pressetext zur neuen S-Klasse schloss mit einem selbstbewußten, aber angsichts des Erfolges dieser Baureihe nicht übertriebe-

Qualitätsnachweis an Fahrzeugen, die für die USA bestimmt sind

nen Satzes: „Es stimmt schon, daß sich die automobilistische Landschaft zu wandeln beginnt. Die Fahrzeuge der Neuen S-Klasse werden denn auch geprägt durch die weiter denn je gespannten Anforderungen an zukunfstgerechte Reiselimousinen. Mit der Verbindung von zukunfstweisender Technik und zeitgemäßer Wirtschaftlichkeit stellt Daimer-Benz ein Konzept vor, das auf diesem Sektor für lange Zeit Gültigkeit haben wird."

Wie lange das Konzept Gültigkeit haben würde, läßt sich am besten an den Testberichten der Automobilzeitschriften ablesen. 1985, immerhin schon sechs Jahre nach der Vorstellung, hat der Wagen nichts von seiner überragenden Stellung eingebüßt. Allerdings hatte es den „Big Lift" gegeben, wie „auto motor und sport" in einem Fahrbericht formulierte. Die erste große Überarbeitung der Modelle hatte stattgefunden, ein Jahr, bevor der neuen Siebener-BMW an den Start ging. „Das Volumenmodell der S-Klasse stellt wohl der Nachfolger des 280 SE dar, der jetzt auf die Bezeichnung 300 SE hört. Gerade er macht deutlich, welchen Fortschritt die neuen Motoren bedeuten – speziell im Hinblick auf den Drehmomentverlauf im unteren Drehzahlbereich und in der Laufkultur bei hohen Drehzahlen. Denn es ist gar keine Frage, daß es sich bei dem Dreiliter-Motor um einen der besten Sechszylinder überhaupt handelt. Sein seidenweicher Lauf scheint von der Drehzahl nahezu unabhängig zu sein...". Das Blatt hatte für Interessenten einen Tip parat, der 16 000 DM wert sein konnte: „Wer im 300 SE unterwegs ist, kommt wohl kaum auf die Idee, sich eine weitere Verbesserung in Form eines der Achtzylinder zu wünschen." Der 300 SE kostete im Herbst 1985 immerhin 54 891 DM, der 420 SE als kleinster Achtzylinder 70 623 DM.

Die angesehene und international stark beachtete „Schweizer Automobil-Revue" nahm sich den W 126 dreimal vor. Den Anfang machte der 280 SE im Oktober 1980. Der Bericht schließt mit den Worten: „Ein hoher Preis ist gerechtfertigt, auch ohne Chrom." Schon im Dezember 1980 folgte der 500 SE. In der ihr eigenen Art faßte die Redaktion das Testurteil trocken und emotionslos zusammen: „Für Kenner und Genießer hochklassiger Technik ist der 500 SE von Daimler-Benz ein Spitzenfahrzeug und verkörpert besten zeitgenössischen Automobilbau."

Ende 1987 kehrte die Baureihe in Form des 500 SEL und 560 SEL noch einmal in das Blatt zurück. Das Urteil ließ aus Sicht des Werkes und der Schweizer Importgesellschaft nichts zu wünschen übrig: „Trotz bereits achtjähriger Produktionszeit und weitgehend unverändertem Blechkleid präsentiert sich der erstarkte Mercedes-Benz 500 SEL und 560 SEL in überraschend jugendlicher Frische. Unter der klassisch geformten Robe wurde nämlich die S-Limousine einer subtil durchgeführten Weiterentwicklung unterzogen. Die erzielten Fortschritte bezüglich Fahrsicherheit, Wirtschaftlichkeit und Fahrleistungen harmonieren mit dem bekannt hohen Qualitäts- und Fertigungsniveau aufs beste."

Mercedes ist Spitze, fast unverändert meldeten das die Autozeitschriften, zumindest so lange es um die Oberklasse ging. Insofern brachten Fahr- und Testberichte dem Leser nichts Neues. Plötzlich aber galt der Spruch so nicht mehr. BMW hatte den Siebener auf die Räder gestellt, diesmal konkurrenzfähig auch gegenüber den Mercedes. Das war natürlich das Thema für die Autozeitschriften, nicht nur in Deutschland. Zum „Spitzenspiel" – so die Überschrift – ohne Topzuschlag für den Leser lud „auto motor und sport" im Heft 20/87 ein. Der BMW 750i trat gegen den 560 SEL an. Schon auf der Titelseite hatte die Zeitschrift das Ergebnis verraten, es war für die meisten Leser eine Überraschung: „Das beste Auto der Welt: BMW überholt Mercedes." Redakteur Werner Schruf blieb im Bild: „Das Spiel ist nicht neu: es geht wieder einmal um Platz eins. Aber nicht in der Fußball-Bundesliga zwischen Bayern München und dem VfB Stuttgart, sondern in der Automobil-Weltliga zwischen den Bayerischen Motorenwerken und Deutschlands größtem und feinstem Industrieunternehmen Daimler-Benz. In diesem Fall kommt der Titelverteidiger aus Stuttgart, und das seit Jahren. Der wuchtige Mercedes 560 SEL, darin sind sich alle Fachleute einig, war bislang das beste Auto der Welt." Das aktuelle Testurteil fiel keineswegs vernichtend aus für den Unterlegenen. Der Bericht listete genau auf, was nach Meinung der Redaktion der Mercedes dem BMW voraus hat und was im umgekehrten Fall den Unterschied im Positiven ausmachte. An Vorteilen des BMW gegenüber dem Mercedes wertete das Testteam die höhere Motorlaufkultur, das sehr niedrige Geräuschniveau, die bessere Handlichkeit, den besseren Federungskomfort und die sehr guten Sitze vorn und hinten. Vorteile des Mercedes gegenüber dem BMW: Besseres Durchzugsvermögen bei niedrigen Drehzahlen, steifere, solider verarbeitete Karosserie, geringere Aufheizung bei besserer Klimatisierung und umfangreichere Serienausstattung. Beide Autos wurden in dem Testbericht mit viel Lob bedacht, nur Kleinigkeiten gab es bemängeln. Da bedurfte es einer Erklärung, wie der BMW Punktsieger geworden war: „Was spricht letztendlich für den BMW? Sicher nicht an erster Stelle sein Preisvorteil von rund 8000 DM. Vielmehr sind es der hohe Motorkomfort seines Zwölfzylinders, die um Nuancen besseren Fahreigenschaften, der etwas höhere Fahrkomfort sowie seine überlegene Handlichkeit. Fairerweise muß aber gesagt werden, daß sich der Mercedes für ein sieben Jahre altes

Immer wieder Gegenstand der Berichterstattung war der W 126. Hier ein Pressefoto von der Produktionseinstellung. Vorstandsvorsitzender Werner Niefer übergibt den symbolischen Schlüssel des letzten Wagens an Museumschef Max-Gerrit von Pein. Es wurden insgesamt 892 123 (einschließlich Coupés) gefertigt.

Auto nicht leicht geschlagen gibt und in einigen Punkten sogar noch überlegen ist. Dennoch: Der BMW ist eindeutig das modernere Auto."

Den nächsten Vergleich mit einem „Emporkömmling" überstand Mercedes besser: „Tuchfühlung" meldete dieselbe Zeitschrift in Heft 23/88 beim Doppeltest Audi V8 gegen Mercedes 500 SE. Gleichschnell waren die beiden Kontrahenten in der Endgeschwindigkeit. „Ein Patt also in diesem wichtigen Punkt, während der subjektive Leistungseindruck und auch die damit verbundene Mühelosigkeit des Fahrens für den Mercedes gewertet werden muß." Ein weiteres Plus für den als Oberklasse-Auto geschaffenen Mercedes gegenüber dem dem Audi 100 entwachsenen Audi V8: bessere Raumausnutzung. Es blieb der kleine Unterschied. Das Fazit des Testers Gert Hack ist in der oben zitierten Überschrift treffend wiedergegeben.

Zwei Jahre später der nächste Prüfstand: der neuen Lage entsprechend sind diesmal („auto motor und sport" 14/90) außer BMW und Audi auch der Toyota Lexus aufgefahren, um dem nun doch schon betagten Mercedes auf den Zahn zu fühlen, aber auch, um die Stellung des BMW auszuloten. „Vier da oben" hieß der Vergleich mit dem 420 SE. Dieser gewinnt die Karosseriewertung, aber nicht die Gesamtwertung. Sie geht an dem BMW mit 436 von 500 maximal erreichbaren Punkten, der Mercedes muß mit 418 auch noch den Lexus (422) passieren lassen und hält sich allein den Audi (407) vom Leib, der unverändert auf Tuchfühlung bleibt. „Die solide Qualität der Mercedes-Karosserie bleibt unübertroffen. Dem Motor aber fehlt es an Durchzugskraft, Fahreigenschaften und Komfort sind nicht mehr ganz auf der Höhe der Zeit. Gegenüber der jüngeren Konkurrenz wirkt der Mercedes vor allem seiner Lenkung wegen ziemlich schwerfällig." Zum letzten Mal war die S-Klasse von 1979 Gegenstand eines großen Testberichtes. Die nächste Schlagzeile würde der Premiere der neuen Generation gewidmet sein.

W 140

Bevor es so weit war, wußte die interessierte Öffentlichkeit bereits eine Menge über die künftige S-Klasse. Schon lange war es üblich, Fotos von „Erlkönigen" bewußt unter den Redaktionen vor allem der Autozeitschriften zu streuen, damit der potentielle Käufer vom Erwerb des Konkurrenzproduktes zurückschreckt und auf den Neuen wartet. So oft wie die neue S-Klasse wurde kaum ein künftiges Auto fotografiert. Schlechte Zeiten für mit der Kamera bewaffnete Erlkönigjäger, wenn ein Großteil der Beute gar nicht gejagt werden muß, sondern vor dem Endverbraucher ausgebreitet wird.

Natürlich gab es auch bei der S-Klasse von 1991 Geheimnisse bis zum letzten Tag. Ihre Enthüllung konnte dem Werk durchaus Schaden zufügen. Daß BMW zur Premiere der S-Klasse in Genf auch bei seinen Siebenern Doppelverglasung einführte, ist für Insider ein solcher Fall ungeplanter Indiskretion, zumindest so weit es sich im Details dazu handelt. Beweisen läßt es sich freilich nicht, zu finden ist die undichte Stelle kaum. Sie muß ja nicht einmal im Bereich von Daimler-Benz sein, sondern kann auch aus einer der zahlreichen, schon früh in die Entwicklung eingeschalteten Zulieferfirmen stammen.

Ob die faszinierend klaren, computergestützten Zeichnungen in „auto motor und sport" 26/1988 auf eine gezielte Indiskretion des Werkes zurückzuführen waren, läßt sich ebenfalls nicht beweisen. Die Fülle der exakten, wie Fotos wirkenden Bilder und die genaue Informationen im Text lassen das aber vermuten. Gegenüber der endgültigen Ausführung unterschied sich die S-Klasse aus dem Computer allerdings in wichtigen Punkten: der Kühlergrill entsprach im wesentlichen dem des W 126 – der Beschluß, die dicke Chromumrandung wegzulassen, war noch nicht bis in die Redaktionsstuben gedrungen – und die Scheinwerfer waren kleiner als später „in Wirklichkeit". Ebenso verhielt es sich mit den Fensterflächen, die seitlichen waren kleiner und Front- und Heckscheibe stärker gewölbt als beim Original. Dennoch, der Bericht erregte seinerzeit großes Aufsehen.

Etwas zu viel versprach die „auto zeitung" in Heft 4/90: Ganz „Ohne Tarnung", wie auf dem Titel angekündigt, war der Wagen nicht zu sehen, immerhin aber mit einigen neuen Details wie den Leichtmetallrädern. Daß das Gesicht mit Kühlermaske und Scheinwerfer „viel größer und viel schwerer" würde als bisher, wies in die falsche Richtung, hier hatte sich die Redaktion offenbar von der immer noch angewendeten Tarnung täuschen lassen. Der Kühlergrill verfolgte die Zeitschrift auch im September, als sie in Heft 20 wieder Bilder des Wagens bringt: alles hat seine endgültige Form, nur die dicke Chromumrandung des Grills nicht (obwohl die endgültige Form des Grills längst feststand, trug der fotografierte Wagen noch einen anderen).

Ungewohnt nachdenkliche Töne mischten sich in die ersten Fahrberichte der Fachpresse. Niemand verwehrte dem Werk die Anerkennung für das stolze Stück Technik auf Rädern. Zweifel, ob einem solchen Auto, vor allem in Form des Zwölfzylinders, die Zukunft gehört, wurden aber deutlich angebracht, in der Tagespresse wie in der der Fachpresse. „auto motor und sport" in Heft 7/91 beim ersten Fahrbericht: „... Wo der Fortschritt wirklich sitzt, ist beim 600 SEL absolut eindeutig. Es ist der Fahrkomfort, der in der Tat neue Maßstäbe setzt und alles relativiert, was man bisher über gut gefederte Autos wußte. Schon die Abrollgeräusche der Reifen sind, auch durch den Einsatz schallisolierender Doppelverglasung der Seitenscheiben, minimal. Das Schluckvermögen der Federung schon bei niedri-

Die neue S-Klasse

Die neue S-Klasse

24

25

Ein Doppelblatt mit der neuen S-Klasse. Auch kleine Bilder haben ihre Wirkung

gen Geschwindigkeiten ist schlicht bestechend. Selbst grobe Unebenheiten absorbiert der 600 SEL mit einer verblüffenden Geschmeidigkeit, lange Bodenwellen nimmt er weich wiegend, aber ohne lästige Schwingungen zur Kenntnis. Der Zustand der Straßenoberfläche, so schlecht er auch sein mag, wird in diesem Auto fast zur Bedeutungslosigkeit degradiert…" Das nachdenkliche Fazit von Redakteur Götz Leyrer: „Trotz einiger Schwächen ein überragendes Auto also. Aber der neue Spitzen-Mercedes zeigt auch, daß sich die Perfektion des Automobils tangential dem Optimum annähert, daß Verbesserungen nur noch mit einem unverhältnismäßig großen Aufwand zu erreichen sind. Es ist nicht falsch, vom besten Auto der Welt zu sprechen – weniger wäre gerade im Falle Mercedes auch zu wenig gewesen. Aber es bleibt die Tatsache, daß mit dem Höhepunkt auch der Schlußpunkt einer Entwicklung gesetzt wurde, die sich am ungebremsten Wachstum von Abmessungen, Hubraum und Gewicht orientierte. Ein vorbildliches Auto im eigentlichen Sinne des Wortes – das kann und wird der neue 600 SEL deshalb sicher nicht sein." Auch die Schwesternzeitschrift „mot", mehr auf die Darstellung der Technik orientiert, schließt ihren Modellvorstellung („Der deutsche Rolls-Royce") mit dem nachdenklichen Satz: „Ein Längenwachstum zieht sich durch alle geplanten Mercedes-Neuheiten. Denn schließlich, so argumentiert das Werk, werden die Insassen immer größer und beanspruchen mehr Platz. Die Verkehrsflächen werden dagegen enger. Ein Zwiespalt, der gerade die neue S-Klasse kennzeichnet."

Uneingeschränkte Zustimmung nach dem ersten Fahrbericht kam aus der Schweiz von der „Automobil Revue". Unter der Überschrift „Imposant und dynamisch" schreibt das Blatt unter anderem: „Große, schwere Fahrzeuge brillieren selten mit ausgesprochenener Fahrdynamik, eine gewisse Trägheit herrscht stets vor. Von dieser Regel macht die je nach Motorisierung zwischen 1900 kg und 2200 kg wiegende neue S-Klasse eine löbliche Ausnahme und begeistert durch eine ungewohnte, insgesamt erstaunliche Handlichkeit…"

Ausführliche Tests, auch im Vergleich zur Konkurrenz, waren bei Drucklegeung dieses Buches noch in Arbeit. Die S-Klasse wird alle Medien, nicht nur die Automobilzeitschriften, noch lange beschäftigen.

Mit diesem Foto stellt Mercedes die neue S-Klasse offiziell vor

Spaß am Detail

Modellsammler haben es nicht leicht mit ihrem Hobby. Zumindest dann, wenn sie den Anspruch erheben, irgend etwas auf dem weiten Feld der kleinen Autos komplett zu besitzen. Selbst Einschränkungen auf bestimmte Vorbildmarken, Modellhersteller oder Epochen – ob beim Vorbild oder beim Modell – verhindern nicht, daß die Sammlungen ausufern. Mit den Kosten verhält es sich ebenso. Es gehört keine Fantasie dazu, sich vorzustellen, was alles zusammenkommt, wenn man sich mit Mercedes en miniature beschäftigt. 100 Jahre Automobil und etwas mehr finden Niederschlag nahezu bei jedem Modellautohersteller auf der Welt.

Im Zeichen des Sterns beschäftigt sich ein eigener Club mit den Modellen. Der Mercedes-Benz Modellauto-Club (MBMC) mit Sitz in Stuttgart versucht den Überblick zu behalten. Zum engen Kreis der Aktiven gehört Roland Rittmann mit seiner prächtigen Sammlung, die im Jahre 1988 Grundstock war für eine Ausstellung im Werksmuseum in Untertürkheim.

Wie das Konsumgut Automobil in Design und Technik Zeitströmungen widerspiegelt, tun es gleichermaßen, buchstäblich im kleinen, die Modelle. Die Mitte der sechziger Jahre ist für den Sammler der Wendepunkt in der Technik und Charakteristik der Modelle. Noch gibt es vereinzelt die verspielten Modelle in den größeren Maßstäben, vor allem aus Japan, mit besonderen Gags wie einer sich von selbst öffnenden Motorhaube, Wendemechanismus und auf Scheiben aufgemalter Innenausstattung. Aber deren Zeit ist vorbei im Jahre 1965, als der Mercedes W 108 im Original erscheint und wenig später im Modell. Noch gibt es die Kabelfernlenkung, über Funksignale gesteuerte Autos werden sie erst viel später ersetzen. Zum Verwendungszweck des reinen Spielzeuges tritt ganz allmählich die Sammelfunktion. Erwachsene werden Kunden der Spielwarengeschäfte, in den achtziger Jahren wird sich dann eine Fülle von kleinen Spezialläden um diese Klientel kümmern.

Wie das Modell eines Prototypes wirkt dieser W 116 aus Hongkong

Mitte der sechziger Jahre führten die kleinen Maßstäbe ab 1:87 noch ein Schattendasein, allein Wiking, die „Mutterfirma" der Modellautoindustrie im „Eisenbahnmaßstab" und die wenig bekannte Firma Eku aus Spanien waren auf dem Markt, neben einem bescheidenen Sortiment in der damaligen DDR. 20 Jahre später gab es Dutzende von Firmen mit Autos in H0. Die Produkte der meisten neuen Firmen zeichnen sich seitdem durch immer weiter gesteigerte Originaltreue und Detailvielfalt aus, die allerdings die Spielfunktion völlig ausschließt.

Schon ab den siebziger Jahren wurden die Modelle anderer Maßstäbe immer feiner in der Ausführung. Ständig verbesserter Formenbau machte das Fehlen technischer Gags wett, es begann die Zeit, in der die Neuheit zumindest gleichzeitig als Modell und im Original erschien. Manchmal war und ist das Westentaschenformat sogar eher da.

Bereits in den Sechzigern stark verbreitet war der Maßstab 1:43. Die Modelle besaßen schon damals hohes Niveau und sind heute entsprechend gefragte

Genauso neu wie das Original war der W 140 von Cursor

Polizei in zwei Größen: W 108 von Huki (1:20), W 116 von Schuco (1:36)

Sammlerstücke. Von der Baureihe W 108/109 läßt sich rückblickend eine internationale Parade zusammenstellen, aus Belgien (Sablon), Frankreich (Norev), Großbritannien (Dinky) und Spanien (Nacoral) kommen die Modelle. In diesem Maßstab und im Verhältnis 1:36 finden sich alle Modellreihen der S-Klasse wieder, bis hin zum W 140 von der deutschen Firma Cursor. Es fasziniert mit seinen besonders dünnen Metallteilen, eine neue Technik beim Metallspritzguß ist Grund hierfür. Geplant war übrigens auch eine weitere Modellpremiere zur S-Klasse-Präsentation im Frühjahr 1991, und zwar im Maßstab 1:87. Dies zerschlug sich aber schon in der Vorbereitungsphase, als es um die rechtzeitige Zusendung der Computerzeichnungen ging. Als Geschenk an Pressevertreter verteilte Mercedes-Benz auf dem Genfer Salon 1991 ein feines Modell des W 140 in Silber, als Formschale aufgeschraubt auf eine blau schimmernde Glasplatte. Dieses Modell war ein Sammlerstück, ehe es irgendein Sammler überhaupt gesehen hatte.

Die Firma Schuco, jener Zaubername der Branche, glänzte in den sechziger Jahren mit einer neuen Erfindung: dem Wendeauto. Es konnte nicht vom Tisch fallen und war deshalb ein beliebtes Spielzeug. Daß es sich nicht durchsetzte, mag am Preis gelegen haben oder an schnell aufkommenden anderen Antriebstechniken. Das letzte Wendeauto hatte den W 108 zum Vorbild und wurde ausschließlich für den belgischen Importeur hergestellt. Ob das rationell war? Jedenfalls ging die Firma Schuco später unter, bleibt aber den Sammlern unvergessen. Einen Teil des Schuco-Erbes verwaltet heute Gama. Seltene, nicht mehr produzierte Modelle der S-Klasse, auch von anderen Herstellern, können Preise von einigen hundert Mark erzielen. Der bewußte Sammler wird allerdings nicht jede Preisentwicklung mitmachen – wie zum Beispiel der an Hysterie erinnernde Rummel um Modelle des Ferrari F 40 Ende der achtziger Jahre.

Kabelfernlenkung und Elektromotor waren High-Tech in den späten sechziger und frühen siebziger Jahren. Solcherart ferngesteuerte Autos im Maßstab von 1:20 kamen unter anderen von der längst versunkenen deutschen Firma Huki. Mit dem Vorbild des Polizeiwagens vom W 108 hatte man es offenbar nicht so genau genommen. Für eine reines Spielzeug wäre dies auch nicht zwingend gewesen. Den Sammler von heute freut die unkonventionelle Gestaltung. Aus Hongkong importiert wurde zur selben Zeit ein besonderes Modell, das voll und ganz zur in den Jahren zuvor aktuellen Spielwelle gehörte: mit Fahrwendeautomatik, Blaulicht und Elektroantrieb. Reines Spielzeug verkörperte auch der ferngesteuerte W 116 der spanischen Firma Rico, ein Modell im stolzen Maßstab von 1:14. Es ist gut gelungen wie überhaupt die Qualität bei nahezu sämtlichen Mercedes-Modellen auffällt. Es scheint, als wäre der Standard des Vorbildes der Modellbauindustrie eine Verpflichtung gewesen. Ein gewisses Mitspracherecht dürfte Mercedes in der Tat immer gehabt haben. Ein W 108 von Rico hatte sogar Lichthupe und noch jene aufgedruckten „Utensilien“ wie Fotoapparat und Autoatlas auf der hinteren „Ablage“. Lange Zeit hatten solche Details besonders aufwendige Modelle gekennzeichnet.

Den W 116 gab es bereits als Bausatz, ein Vorläufer späterer, aufwendiger Plastikkits. Die S-Klasse wird für Modellgeschichte sorgen, solange sie auf der Straße das Interesse auf sich zieht. Dem ganz speziellen Mercedes-Club wird die Beschäftigung nicht ausgehen.

Liebhaberstücke: zwei individuell hergerichtete W 108-Renntourenwagen (1:43)

Ferngelenkter W 108 mit aufgedruckten Utensilien im Fenster

Clubleben

So rege ist das Clubleben rund um die Fahrzeuge mit dem Stern, daß sich das Werk Ende der achtziger Jahre veranlaßt sah, Ordnung in das weite Feld zu bringen. Als Folge davon gibt es nun anerkannte Clubs für verschiedene Aufgabengebiete und Clubs, mit denen Mercedes-Benz offiziell nichts zu tun hat. Natürlich sind auch die anerkannten Clubs eigenständige Einrichtungen, sie erfahren aber vom Werk, vor allem in Form ständiger Zusammenarbeit, offizielle Unterstützung. Neben den SL-Clubs und dem Club für die Modellautos sind es die beiden „Großen", der Mercedes-Veteranen Club für alle Fahrzeuge bis zu den Ponton-Modellen und den ersten SL und die Mercedes-Benz IG für die Autos (ohne SL) ab der Ponton-Baureihe. Ein jährlich erscheinendes „MBC-Magazin" stellt die äußerliche Verbindung zwischen den anerkannten Clubs her. Die Mercedes-Benz IG gibt außerdem ihren „Ponton-Kurier" heraus.

Sternfahrten bei Mercedes-Clubs – nur sie können sich an einer schönen Doppelbedeutung dieses Wortes freuen – gehören zu den Höhepunkten der Oldtimerszene, hat doch niemand sonst eine solche Bandbreite an Fahrzeugen zu bieten. Für die Qualität der Autos spricht, daß von den Nachkriegsmodellen viele zumindest als Sommerauto, wenn nicht sogar als Alltagsauto, genutzt werden. Dies kann man naturgemäß am häufigsten bei Treffen der Mercedes-Benz IG Ponton Heckflosse Folgegenerationen beobachten. Wer übrigens jemals davon gehört hat, bei Mercedes-Liebhabern ginge es elitär und dem Besucher gegenüber abweisend zu, sollte sich ein Treffen gerade dieser IG ansehen, um das Gegenteil zu erfahren.

Von den hier beschriebenen Baureihen fällt bisher nur der W 108/109 in die Obhut eines Clubs. Zu „Folgegenerationen" zählt in diesem Zusammenhang bislang noch nicht die Baureihe W 116. Zu Beginn der neunziger Jahre befanden sich diese Fahrzeuge in einem „gefährlichen" Zwischenstadium: als Gebrauchsautos weitgehend „abgelegt", als Oldtimer noch nicht geschätzt. Ganz langsam aber wandelt sich hier das Bild, Clubmitglieder halten schon Ausschau nach nicht völlig verbrauchten W 116. Und die nächste Folgegeneration taucht am Horizont auf. Warum nicht schon heute einen W 126 aufheben, sofern man dazu in der Lage ist?

Zu den Aufgaben der Clubs gehört auch der Ratschlag an seine Mitglieder und andere Interessenten beim Kauf eines Autos aus dem Clubspektrum. Für den W 108/109 haben sich, wie die Oldtimer-Zeitschritt „Markt" unter der Rubrik „Kaufberatung" festhielt, folgende Schwachstellen ergeben: Der Rost setzt am liebsten an bei den vorderen Kotflügeln und der Frontmaske, außerdem an Türschwellern, Türunterkanten, Radhäusern und dem Kofferraumboden sowie an den vorderen Längsträgern. In der Mechanik verdienen besondere Beachtung die Frage der Motordichtigkeit und der Dichtigkeit der Luftfederung. Ersatzteile sind in der Regel noch zu haben.

Limousinen im Bestzustand liegen zum aktuellen Stand im Preis zwischen 16 500 DM (250 S bis 300) und 50 000 (SEL 6,3), im schlechtesten Zustand (nicht mehr fahrbereit) zwischen 5500 und 28 000 DM (nach „Oldtimer-Katalog 1991").

Clubparade

ADRESSEN DER MERCEDES-CLUBS IN DEUTSCHLAND

(Stand der Kontaktadressen Frühjahr 1991)

Von der Mercedes-Benz AG anerkannte Clubs:

Mercedes-Veteranen-Club
von Deutschland e.V.
Winfried Seidel
Rheingaustraße 21
W 6802 Ladenburg

Mercedes-Benz IG
Ponton Heckflosse Folgegeneration
Gabriele Ritter
Sudetenstraße 23
W 7012 Fellbach

Mercedes-Benz 300 SL Club
Robert Bayer
Postfach 1117
7930 Ehingen/Donau

Mercedes-Benz 190 SL Club
Norbert Schneider
Wetteraustraße 97
W 6360 Friedberg

Mercedes-Benz SL-Club „Pagode" e.V.
Sonnenbühl 48
W 7000 Stuttgart 70

Mercedes-Benz R/C 107 SL-Club
Schönauer Bach 11
W 5100 Aachen

Mercedes-Benz Modellauto-Club
Postfach 600 303
7000 Stuttgart 60

Weitere Clubs:

Verein der Heckflossenfreunde e.V.
Horst Stümpfig
Pestalozzistraße 16
8500 Nürnberg 80

Heckflossen IG
Andreas Wenzlaff
Am Kannenbruch 20
W 2061 Groß-Schenkenberg

Die Pagode
Automobilclub e.V.
Gehrdener Straße 15
W 3003 Ronnenberg

108er-IG Bleichenbach
Beuneweg 15
W 6474 Ortenberg-Bleichenbach

/8-Club Deutschland e.V.
Postfach 1323
W 3360 Osterode/Harz

QUELLEN

Bücher:

Oswald, Werner, Mercedes-Benz Personenwagen 1886 – 1986, Stuttgart, 1987

Röcke, Matthias, Das große Mercedes-Heckflossen-Buch, Königswinter, 1990

Mercedes-Benz AG (Hrsg.), Das Werk Sindelfingen, Sindelfingen, 1990

Günter-Michael Koch, Bestattungswagen im Wandel der Zeit, Berlin, 1987

Fischer-Almanach, Ausgabe 76 und 91, Frankfurt, 1975 und 1990

Zeitschriften:

auto, motor u. sport, Stuttgart (verschiedene Nummern)

Motor-Revue, Frankfurt (verschiedene Nummern)

Die Automodelle/autokatalog, Stuttgart (verschiedene Nummern)

mot, Stuttgart (verschiedene Nummern)

Motor Klassik, Stuttgart (verschiedene Nummern)

Auto Zeitung, Köln (verschiedene Nummern)

Kraftfahrzeugtechnik (KFT), Berlin, verschiedene Nummern

Markt Klassische Automobile und Motorräder, Wiesbaden (verschiedene Nummern)

Oldtimer-Katalog, Königswinter, 1991

Automobil-Revue, CH Bern (verschiedene Nummern)

Katalog der Automobil-Revue, CH Bern (verschiedene Nummern)

Scheinwerfer (Mitarbeiterzeitschrift Mercedes-Benz/ verschiedene Nummern)

Mercedes-Benz in aller Welt (Kundenzeitschrift Mercedes-Benz/verschiedene Nummern)

MBC-Magazin 1990 (gemeinsame Zeitschrift aller anerkannten Mercedes-Benz-Clubs)

Andere Unterlagen:

Material aus dem Archiv Daimler-Benz AG (Archiv, Geschichte, Museum), Stuttgart-Untertürkheim

Material der Pressestelle Mercedes-Benz AG, Stuttgart-Untertürkheim

Werksprospekte aus der Sammlung Motor Archiv Kurt Krulik, 4220 Dinslaken-Hiesfeld

Technische Unterlagen und Statistiken von Helmut Baaden, 5412 Ransbach-Baumbach

Statistiken des Verbandes der Automobilindustrie (VDA), Frankfurt

Statistiken des Kraftfahrtbundesamtes, Flensburg,

Literaturarchiv Matthias Röcke, 5480 Remagen

Fotonachweis:

Die Fotos dieses Buches stammen von

Heinz-Toni Sesterheim, 5488 Leimbach

Pressestelle Mercedes-Benz AG, Stuttgart-Untertürkh.

Pressestelle Daimler-Benz AG, Stuttgart-Untertürkh.

Daimler-Benz-Werksarchiv (Archiv, Geschichte, Museum), Stuttgart-Untertürkheim

Film- und Fotoabteilung EP/PITD, Mercedes-Benz AG, Sindelfingen

Motor-Archiv Kurt Krulik, 4220 Dinslaken-Hiesfeld

Archiv der Mercedes-Benz IG Ponton Heckflosse Folgegenerationen

Pressestellen AMG, Brabus, Kempf, Koenig, Lorenz und Rankl, Pollmann, Trasco und Zender sowie BMW und Jaguar.

René Staud, Leonberg

Technische Daten / Statistik

	250S (W 108 II) 7/65-3/69	250SE (W 108 III) 8/65-1/68	300 SE (W 108/IV) (SEL: W 109 III) 8/65-12/67
MOTOR	Sechszylinder-Reihenmotor, hängende Ventile, obenliegende Nockenwelle, Antrieb durch Duplex-Kette, siebenfach gelagerte Kurbelwelle		
Hubraum in ccm	2496	2496	2996
Bohrung × Hub in mm	82×78,8	82×78,8	85×88
PS bei U/Min	130/5400	150/5500	170/5400
max. Drehmom. mkg bei U/min	19,8/4000	22,0/4200	25,4/4000
Verdichtung	9:1	9,3:1 (ab 67: 9,5:1)	8,8:1
Batterie	12 V 44 Ah	12 V 44 Ah	12 V 66 Ah
Lichtmaschine	Drehstrom 490 W	Drehstrom 490 W	Drehstrom 490 W
Gemischaufbereitung	2 Register-Fall- stromvergaser	Sechsstempel-Ein- spritzpumpe Bosch Zenith 35/40 INAT	Sechsstempel- Einspritzpumpe Bosch
KRAFTÜBERTRAGUNG	Antrieb auf die Hinterräder, Einscheibentrockenkupplung, Lenkradschaltung oder Mittelschaltung, auf Wunsch Automatik (hydraulische Kupplung, Viergangplanetengetriebe)		
Getriebeübersetzung 1. Gang 2. Gang 3. Gang 4. Gang Achsantrieb	 4,05 2,23 1,42 1,00 3,92	 4,05 2,23 1,42 1,00 3,92	 4,05 2,23 1,42 1,00 3,92
FAHRWERK	Selbsttragende Karosserie, vorn Doppelquerlenker, Schraubenfedern, Stabilisator, hinten Eingelenk-Pendelachse, Schubstreben, Schraubenfedern, hydropneumatische Ausgleichsfeder mit Niveauregulierung (300 SEL statt Schraubenfedern Luftkammerfederbälge)		
Lenkung Übersetzung	Kugelumlauf 22,7:1	Kugelumlauf 22,7:1	Kugelumlauf 17,3:1 Servohilfe
Bremsen	Zweikreishydr. Servohilfe Vier Scheibenbr.	Zweikreishydr. Servohilfe Vier Scheibenbr.	Zweikreishydr. Servohilfe Vier Scheibenbr.
MASSE UND GEWICHTE			
Radstand Spurw. v. mm Spurw. h. mm Gesamtmaße/Länge/Höhe/Breite in mm Reifengröße Wendekreis m	2750 1482 1485 4900/1810/1440 185H14 11,8	2750 1482 1485 4900/1810/1440 185H14 11,8	2750 (SEL 2850) 1482 1485 4900 (SEL 5000)/1810/1440 185H14 11,8 (SEL 12)
Leergewicht in kg Zulässiges Gesamtgewicht in kg Tankinhalt l	1470 Autom. + 40 1940 82	1510 Autom. + 40 1980 82	1575 Autom. + 40 2060 82
FAHRLEISTUNGEN			
(Werksangaben) max. Geschw. km/h	 182 (Autom.: 177)	 193 (Autom. 188)	 200 (Autom. 195)
Beschl. 0-100 km/h in Sekunden	13	12	12
Verbrauch l auf 100 km	15,5	15,5	19

	280S (W108 V28) 11/67–9/72	280SE (W 108 E28) 11/67–9/72	300 SEL (W 109/E28) 12/67–1/70
MOTOR	Sechszylinder-Reihenmotor, hängende Ventile, oben liegende Nockenwelle, Antrieb durch Duplex-Kette, siebenfach gelagerte Kurbelwelle		
Hubraum in ccm	2778	2778	2778
Bohrung × Hub in mm	86,5×78,8	86,5×78,8	86,5×78,8
PS bei U/Min	140/5200	160/5500	170/5750
max. Drehmom. mkg bei U/min.	22,8/3600	24,5/4250	24,5/4500
Verdichtung	9:1	9,5:1	9,5:1
Gemischaufbereitung	2 Register- Fallstromvergaser Zenith 35/40 INAT	Sechsstempel- Einspritzpumpe Bosch	Sechsstempel- Einspritzpumpe Bosch
Batterie	12 V 44 Ah	12 V 44 Ah	12 V 66 Ah
Lichtmaschine	Drehstrom 490 W	Drehstrom 490 W	Drehstrom 490 W
KRAFTÜBERTRAGUNG	Antrieb auf die Hinterräder, Lenkradschaltung oder Mittelschaltung, auf Wunsch Automatik (Hydraulische Kupplung und Viergang-Planetengetriebe)		
Getriebeübersetzung			
1. Gang 2. Gang 3. Gang 4. Gang 5. Gang (ab 9/69) Achsantrieb	4,05 (3,96) 2,23 (2,34) 1,42 (1,43) 1,00 (1,00) (0,87) 3,92	4,05 (3,96) 2,23 (2,34) 1,42 (1,43) 1,00 (1,00) (0,87) 3,92	4,05 2,23 1,42 1,00 – 3,92
FAHRWERK	Selbsttragende Karosserie, vorn Doppelquerlenker, Schraubenfedern, Stabilisator, hinten Eingelenk-Pendelachse, Schubstreben, Schraubenfedern, hydropneumatischer Niveauausgleich (280 SEL und 300 SEL statt Schraubenfedern Luftkammerfederbälge)		
Lenkung Übersetzung	Kugelumlauf 22,7:1 (17,3:1 Servo)	Kugelumlauf 22,7:1 (17,3:1 Servo)	Kugelumlauf 17,3:1+Servo
Bremsen	Zweikreishydr. Servohilfe Vier Scheibenbr. Vier Scheibenbr.	Zweikreishydr. Servohilfe Vier Scheibenbr.	Zweikreishydr. Servohilfe
MASSE/GEWICHTE			
Radstand Spurw. v. mm Spurw. h. mm Gesamtmaße Länge/Höhe/Breite in mm Reifengröße Wendekreis m	2750 1482 1485 4900/1810/1440 185H14 11,8	2750 (SEL 2850) 1482 1485 4900/1810/1440 (SEL 5000) 185H14 11,8 (SEL 12)	2850 1482 1485 5000/1810/1440 185H14 12
Leergewicht in kg Zul. Gesamtgewicht in kg	1520 Autom. + 40 kg 1960	1560 Automat. + 40 kg 1985	1695 Autom. + 40 kg 2120
Tankinhalt l	82	82	82
FAHRLEISTUNGEN			
(Werksangaben) Höchstgeschwindigkeit km/h	185 (Autom. 180)	193 (188)	195 (190)
Beschleunigung km/h in Sek. 0-100	12	11	11
Verbrauch l auf 100 Kilometer	16 (Autom. 17)	16 (17)	16,5 (17,5)

	280 SE 3,5 (W 108 E 35) 7/70–9/72	300 SEL 3,5 (W 108 E 35/1) 8/69–9/72	300 SEL 6,3 (W 109 E 63) 12/67–9/72
MOTOR	Achtzylinder-Einspritzmotor, 90 Grad/V-Form, hängende Ventile, je Zylinderreihe eine obenliegende Nockenwelle, Antrieb durch Duplex-Kette, fünffach gelagerte Kurbelwelle		
Hubraum in ccm	3499	3499	6330
Bohrung × Hub in mm	92×65,8	92×65,8	103×95
PS bei U/min	200/5800	200/5800	250/400
max. Drehmoment mkg bei U/min	29,2/4000	29,2/4000	51/2800
Verdichtung	9,5:1	9,5:1	9:1
Gemischaufbereitung	Elektr. Einspritz. Bosch	Elektr. Einspritz. Bosch	Elektr. Einspritz. Bosch
Batterie	12 V 66 Ah	12 V 66 Ah	12 V 66 Ah
Lichtmaschine	770 W	770 W	490 W
KRAFTÜBERTRAGUNG	Antrieb auf die Hinterräder, Lenkradschaltung oder Mittelschaltung, auf Wunsch Automatik (Hydraulische Kupplung u. Viergang-Planetengetriebe, bei 300 SEL 6,3 Serie)		
Getriebeübersetzung			
1. Gang 2. Gang 3. Gang 4. Gang Achsantrieb	3,96 2,34 1,46 1,00 3,46	3,96 2,34 1,46 1,00 3,69	2,85
FAHRWERK	Selbsttragende Karosserie, vorn Doppelquerlenker, Schraubenfedern, Gummi-Zusatzfedern, Drehstab-Stabilisator, hinten Eingelenk-Pendelachse, Schubstreben, Schraubenfedern, Gummizusatzfedern, hydropneumatischer Niveauausgleich (300 SEL 3,5 und 300 SEL 6,3 statt Schraubenfedern Luftkammerfederbälge)		
Lenkung Übersetzung	Kugelumlauf 17,3:1 Servo	Kugelumlauf 17,3:1 Servo	Kugelumlauf 16,0:1 Servo
Bremsen	Zweikreishydr., Servohilfe Vier Scheibenbremsen	Zweikreishydr., Servohilfe Vier Scheibenbremsen	Zweikreishydr., Servohilfe Vier Scheibenbremsen
MASSE/GEWICHTE			
Radstand Spurw. v. mm Spurw. h. mm Gesamtmaße Länge/Höhe/Breite in mm Reifengröße Wendekreis m	2750 (SEL 2850) 1482 1485 4900/1818/1440 (SEL 5000)/ 185VR14 11,8	2850 1482 1485 5000/1810/1440 185VR14 12,0	2850 1482 1490 5000/1810/1470 205VR4 12,5
Leergewicht Zul. Gesamtgewicht	1610 (SEL:1640) 2055 (SEL:2085)	1730 2170	1830 2265
Tankinhalt	82	82	105
FAHRLEISTUNGEN			
(Werksangaben) Höchstgeschwindigkeit km/h	210	210	221
Beschleunigung 0-100 km/h in Sek.	10	10	8
Verbrauch l auf 100 Kilometer	18,5 (Autom. 19,5)	18,5 (19,5)	21
ABWEICHENDE DATEN FÜR COUPÉ UND CABRIOLET 280 SE – 280 SE 3,5			
Länge/Breite/Höhe Leergewicht Zul. Gesamtgewicht	4880/1845/1420 (Cabrio 1435) – 280 SE 3,5: 4905/1845/1405 (Cabrio 1420) 1540 (Cabrio 1615) – 280 SE 3,5: 1630 (Cabrio 1710) 1980 (Cabrio 2055) – 280 SE 3,5: 2040 (Cabrio 2120)		

	280 S (W116 V28) 8/72–7/80	280 SE (W116 E28) 8/72–7/80	300 SD (W116 D 30A) 2/77–5/78
MOTOR	280 S und SE: Sechszylinder-Reihenmotor, V-förmig hängende Ventile, 2 obenliegende Nockenwellen, Antrieb durch Duplex-Kette, siebenfach gelagerte Kurbelwelle. 300 SD: Fünfzylinder-Reihenmotor, Vorkammer-Dieselmotor mit Abgasturbolader, hängende Ventile, 1 obenliegende Nockenwelle, Antrieb durch Duplex-Kette, sechsfach gelagerte Kurbelwelle		
Hubraum in ccm	2746	2746	2998
Bohrung × Hub in mm	86,0×78,8	86,0×78,8	90,0×92,4
PS bei U/min	160/5500	185/6000	115/4200
max. Drehmoment mkp bei U/min	23/4000	24,3/4500	23,5/2400
Verdichtung	9:1	9:1	21,5:1
Batterie	12V 55 Ah	12V 55Ah	12V 88 Ah
Lichtmaschine	Drehstrom 770 W	Drehstrom 770 W	Drehstrom 770 W
Gemischaufbereitung	1 Doppelregisterfallstromvergaser Solex 4 A 1	Elektronische-D-Jetronic-Einspritzung Bosch ab 1/76: mechanische K-Jetronic-Einspritzung Bosch	Fünfstempel-Einspritzpumpe Bosch, Garret-Abgasturbolader
KRAFTÜBERTRAGUNG	Antrieb auf Hinterräder, Einscheibentrockenkupplung Mittelschaltung, auf Wunsch Automatik (Hydraulischer Wandler + Viergang-Planetengetriebe, bei 300 SD Serie)		
Getriebeübersetzung			
1. Gang	3,90 (3,96)	3,90 (3,96)	
2. Gang	2,30 (2,34)	2,30 (2,34)	
3. Gang	1,41 (1,43)	1,41 (1,43)	
4. Gang	1,00 (1,00)	1,00 (1,00)	
5. Gang	– (0,88)	– (0,88)	
Achsantrieb	3,69 (3,92)	3,69 (3,92)	3,07
FAHRWERK	Selbsttragende Karosserie, vorn Doppelquerlenker, Schraubenfedern, Gummi-Zusatzfedern, Drehstab-Stabilisator, hinten Diagonal-Pendelachse, Schräglenker, Schraubenfedern, Gummi-Zusatzfedern (300 SD Gasdruckstoßdämpfer), Drehstabstabilisator, bei 280 S und SE Niveauregulierung auf Wunsch		
Lenkung Übersetzung	Kugelumlauf 1:14 Servohilfe	Kugelumlauf 1:14 Servohilfe	Kugelumlauf 1:14 Servohilfe
Bremsen	Zweikreishydr. Servohilfe Vier Scheibenbremsen ab 1979 ABS auf Wunsch	Zweikreishydr. Servohilfe Vier Scheibenbremsen ab 1979 ABS auf Wunsch	Zweikreishydr. Servohilfe Vier Scheibenbremsen
MASSE/GEWICHTE			
Radstand	2865	2865 (SEL: 2965)	2865
Spurwweite v. mm	1521	1521	1521
Spurweite h. mm	1505	1505	1505
Gesamtlänge/Höhe/Breite in mm	4960/1870/1425	4960/1870/1425 (SEL: 5060/1870/1430)	5220/1870/1425
Reifengröße	185HR14	185HR14	185HR14
Wendekreis m	11,5	11,5 (SEL:11,8)	11,6
Leergewicht kg	1660	1665 (SEL:1700)	1815
Zul. Gesamtgewicht	2130	2130 (SEL:2165)	2215
Tankinhalt l	96	96	82
FAHRLEISTUNGEN			
(Werksangaben) max. Geschwindigkeit km/h	190	200	165
Beschleunigung 0-100 km/h in Sek.	11,5 (Autom. 12,5)	10,5 (Autom. 11,5)	17
Verbrauch l auf 100 Kilometer	16	16	14

	350 SE (W116 E35) 3/72–9/80	**450 SE (W116 E45) 8/72–4/80**	**450 SEL 6,9 (W116 E69) 2/75–5/80**
MOTOR	Achtzylindermotor, 90 Grad V-Form, hängende Ventile, je Zylinderreihe eine obenliegende Nockenwelle, Antrieb durch Duplex-Kette, fünffach gelagerte Kurbelwelle		
Hubraum in ccm	3499	4520	6834
Bohrung × Hub in mm	92×65,8	92×85	107×95
PS bei U/min	200/5800 (1/76: 195/5500) (1/78: 217/5000)	225/5000 (11/75: 215/5000) (1/78: 225/5000)	286/4250
max. Drehmoment mkg bei U/min	29,2/4000 (1/76: 28/4000) (1/78: 29/4000)	38,5/3000 (11/75: 36,7/3250) (1/78: 37,5/3250)	56/3000
Verdichtung	9,5:1 (1/76: 9,0)	8,8:1	8,8:1
Batterie	12V 66 Ah	12V 66 Ah	12V 88 Ah
Lichtmaschine	Drehstrom 770 W	Drehstrom 770 W	Drehstrom 1050 W
Gemischaufbereitung	Elektronische D-Jetronic-Einspritzung Bosch, (1/76: mech. K-Jetronic Einspritzung Bosch)	Elektronische D-Jetronic-Einspritzung Bosch, (11/75: mech. K-Jetronic-Einspritzung Bosch)	mech. K-Jetronic-Einspritzung Bosch
KRAFTÜBERTRAGUNG	Antrieb auf die Hinterräder, zweiteilige Gelenkwelle, Einscheibentrockenkupplung, Sperrdifferential (bei 350 SE und 450 SE auf Wunsch), Mittelschaltung, Automatik (Hydraulischer Wandler und Dreigang-Planetengetriebe bei 350 SE auf Wunsch, bei 450 SE/450 SEL 6,9 Serie).		
Getriebeübersetzung 1. Gang 2. Gang 3. Gang 4. Gang Achsantrieb	 3,96 2,34 1,43 1,00 3,46	 3,07	 2,65
FAHRWERK	Selbsttragende Karosserie, 350 SE/450 SE: vorn Doppelquerlenker, Schraubenfedern, Gummi-Zusatzfedern, Drehstab-Stabilisator, hinten Diagonal-Pendelachse, Schräglenker, Schraubenfedern, Gummi-Zusatzfedern, Drehstab-Stabilisator, Niveauregulierung auf Wunsch, bei 450 SEL 6,9 vorn Doppelquerlenker, hydropneumatische Federung mit Federbeinen und Gasfederspeichern, Drehstab-Stabilisator, Niveauregulierung, hinten Diagonal-Pendelachse, Schräglenker, hydropneumatische Federung mit Federbeinen und Gasfederspeichern, Drehstab-Stabilisator, Niveau-Regulierung		
Lenkung Übersetzung	Kugelumlauf 14:1 Servohilfe	Kugelumlauf 14:1 Servohilfe	Kugelumlauf 14:1 Servohilfe
Bremsen	Zweikreishydr., Servohilfe vier Scheibenbremsen ab 1979 ABS auf Wunsch	Zweikreishydr., Servohilfe vier Scheibenbremsen ab 1979 ABS auf Wunsch	Zweikreishydr., Servohilfe vier Scheibenbremsen ab 1979 ABS auf Wunsch
MASSE/GEWICHTE			
Radstand Spurweite v. mm Spurweite h. mm Gesamtlänge/ Höhe/Breite mm Reifengröße Wendekreis m	2865 (SEL 2965) 1521 1505 4960/1870/1425 (SEL: 5060/1870/1430) 205/70HR14 11,5 (SEL: 11,8)	2865 (SEL 2965) 1521 1505 4960/1870/1425 (SEL: 5060/1870/1430) 205/70HR14 11,5 (SEL: 11,8)	2965 1521 1505 5060/1870/1410 215/70VR15 12,1
Leergewicht kg Zul. Gesamtgewicht Tankinhalt l	1725 (SEL: 1760) 2195 (SEL: 2220) 96	1790 (SEL: 1825) 2250 (SEL: 2285) 96	1985 2420 96
FAHRLEISTUNGEN (Werksangaben)			
max. Geschwindigkeit km/h	205	210	225
Beschleunigung 0-100 in Sek.	10 (Autom. 11)	10,5	8
Verbrauch l auf 100 Kilometer	19	19	22

	280 S (W126 V28) 4/79–11/85	**280 SE (W126 E28) 2/79–9/85**	**300 SD (W126 D 30A) 8/79–8/85**
MOTOR	Sechszylinder-Reihenmotor (300 SD Fünfzylinder), hängende Ventile, 2 obenl. Nockenwellen (300 SD: 1) Antrieb durch Duplex-Kette, siebenfach gelagerte Kurbelwelle (300 SD: sechsfach)		
Hubraum in ccm	2746	2746	2998
Bohrung × Hub in mm	86×78,8	86×78,8	90,9×92,4
PS bei U/min	156/5500	185/5800	125/4350
max. Drehmoment mkg bei U/min	22,7/4000	24,5/4500	25/2400
Verdichtung	9:1	9:1	21,5:1
Gemischaufbereitung	1 Doppelregister-Fallstromvergaser Solex 4A1	Mech. K-Jetronic-Einspritzung Bosch	Fünfstempeleinspritzpumpe, Bosch, Garrett-Abgasturbolader
Batterie	12V 55 Ah	12V 55 Ah	12V 88 Ah
Lichtmaschine	Drehstrom 770 W	Drehstrom 770 W	Drehstrom 770 W
KRAFTÜBERTRAGUNG	Antrieb auf Hinterräder, zweiteilige Gelenkwelle, Hydraulischer Wandler und Viergang-Planetengetriebe, 280 S und SE auf Wunsch mit Fünfganggetriebe		
Getriebeübersetzung 1. Gang 2. Gang 3. Gang 4. Gang 5. Gang Achsantrieb	 3,98 2,29 1,45 1,00 3,74 3,46	 3,98 2,29 1,45 1,00 3,74 3,46	 3,07
FAHRWERK	Selbsttragende Karosserie, vorn Doppelquerlenker, Schraubenfedern, Gummi-Zusatzfedern, Drehstab-Stabilisator, hinten Diagonal-Pendelachse, Schräglenker, Schraubenfedern, Gummi-Zusatzfedern, Drehstab-Stabilisator, auf Wunsch Niveauregulierung		
Lenkung Übersetzung	Kugelumlauf 14,35:1 Servohilfe	Kugelumlauf 14,35:1 Servohilfe	Kugelumlauf 14,35:1 Servohilfe
Bremsen	Zweikreishydr. Servohilfe auf Wunsch ABS	Zweikreishydr. Servohilfe auf Wunsch ABS	Zweikreishydr. Servohilfe auf Wunsch ABS
MASSE UND GEWICHTE			
Radstand mm Spurweite vorn mm Spurweite hinten mm Länge/Höhe/Breite Reifengröße Wendekreis m Leergewicht kg Zul. Gesamtgewicht Tankinhalt	2935 (SEL:3075) 1545 1517 4995/1820/1430 195/70 oder 205/70 HR 14 12 1610 2080 90	2935 (SEL:3075) 1545 1517 4995/1820/1430 1820/1430 (1434) 195/70 oder 205/70 HR 14 12 (SEL 12,3) 1610 (SEL 1640) 2080 (SEL 2110) 90	2935 (SEL:3075) 1545 1517 5145/1820/1430 195/70 SR 14 12,0 1760 2080 77
FAHRLEISTUNGEN (Werksangaben)			
max Geschwindigkeit km/h	200	210	165
Beschleunigung 0-100 km/h in Sek.	11 (Autom. 12)	10 Autom. 12)	16
Verbrauch l auf 100 Kilometer	16	16	14

	380 SE (W126 E38) 5/79-1/80	500 SE (W126 E50) 9/79-8/85	500 SE (W126 E50) 9/85-3/91
MOTOR	Achtzylindermotor, 90 Grad V-Form, hängende Ventile, je Zylinderreihe eine obenliegende Nockenwelle, Antrieb durch Duplex-Kette, fünffach gelagerte Kurbelwelle		
Hubraum in ccm	3818	4973	4973
Bohrung × Hub in mm	92,0×71,8	95,5×85,0	95,5×85,0
PS bei U/min	218/5500 9/81: 204/5250	240/4750 9/81: 231/4750	245/4750 (Kat: 223/4700)
max. Drehmoment mkg bei U/min	30,5/4000 9/81: 32,1/3250	41/3200 9/81: 41,2/3000	40/3750 (Kat: 36,5/2500)
Verdichtung	9:1 (ab 9/81: 9,4:1)	1:8,8 (ab 9/81: 9,2:1)	9:1
Gemischaufbereitung:	Mech. Einspritzung K-Jetronic Bosch	Mech. Einspritzung K-Jetronic Bosch	Mech. Einspritzung KE-Jetromic Bosch
Batterie	12V 66 Ah	12V 66 Ah	12V 66 Ah
Lichtmaschine	Drehstrom 980 W	Drehstrom 980 W	Drehstr. 1120 W
KRAFTÜBERTRAGUNG	Antrieb auf die Hinterräder, zweiteilige Gelenkwelle, hydraulischer Wandler und Viergang-Planetengetriebe		
Achsantrieb	3,27 (9/81: 2,47)	2,82 (9/81: 2,24)	2,24
FAHRWERK	Selbsttragende Karosserie, vorn Doppelquerlenker, Schraubenfedern, Gummi-Zusatzfedern, Drehstab-Stabilisator, hinten Diagonal-Pendelachse, Schräglenker, Schraubenfedern, Gummi-Zusatzfedern, Drehstab-Stabilisator, auf Wunsch Niveauregulierung		
Lenkung Übersetzung	Kugelumlauf 14,35:1	Kugelumlauf 14,35:1	Kugelumlauf 14,35:1
Bremsen	Zweikreishydr. Servohilfe auf Wunsch ABS	Zweikreishydr. Servohilfe auf Wunsch ABS	Zweikreishydr. Servohilfe ABS Serie
MASSE UND GEWICHTE			
Radstand mm Spurweite vorn mm Spurweite hinten mm Länge/Höhe/Breite Reifengröße Wendekreis m Leergewicht kg Zul. Gesamtgewicht Tankinhalt	2935 (SEL: 3075) 1545 1517 4995(SEL: 5135) 1820/1436 205/70 VR 14 12 (SEL 12,3) 1645 (SEL 1665) 2115 (SEL 2135) 90	2935 (SEL: 3075) 1545 1517 4995 (SEL: 5135) 1820/1436 (1440) 205/70 VR 14 12 (SEL 12,3) 1670 (SEL 1705) 2140 (SEL 2175) 90	2935 (SEL: 3075) 1545 1517 4995 (SEL: 5135) 1820/1437 (1446) 206/65 VR 15 12,0 (SEL 12,3) 1720 (SEL 1770) 2140 (SEL 42190) 90
FAHRLEISTUNGEN (Werksangaben)			
max Geschw. km/h	215 (ab 9/81: 205)	225 (ab 9/81: 220)	230
Beschleunigung in Sek. 0-100 k/h	9,5	8,5	8,5
Verbrauch l auf 100 Kilometer	17	17	17

	260 SE (W126 E26) 6/85-3/91	300 SE (W126 E30) 8/85-3/91
MOTOR	Sechszylinder-Reihenmotor, V-förmig hängende Ventile, 1 obenliegende Nockenwelle, Antrieb durch Einfach-Kette, siebenfach gelagerte Kurbelwelle	
Hubraum in ccm	2599	2962
Bohrung × Hub in mm	82,9×80,25	88,5×80,25
PS bei U/min	166/5800 (Kat 160/5800)	188/5700 (Kat 180/5700)
max. Drehmoment mkg bei U/min	22,8/4600 (Kat 22,0/4600)	26,0/4400 (Kat 25,5/4400)
Verdichtung	9,2:1	9,2:1
Gemischaufbereitung	Mech. Einspritzung KE-Jetronic Bosch	Mech. Einspritzung KE-Jetronic Bosch
Batterie	12V 62 Ah	12V 62 Ah
Lichtmaschine	Drehstrom 900 W	Drehstrom 900 W
KRAFTÜBERTRAGUNG	Antrieb auf die Hinterräder, zweiteilige Gelenkwelle, Fünfgang-Getriebe oder Automatik, hydraulischer Wandler und Viergang-Planetengetriebe	
Getriebeübersetzung 1. Gang 2. Gang 3. Gang 4. Gang 5. Gang Achsantrieb	 3,86 2,18 1,38 1,00 0,80 3,46	 3,86 2,18 1,38 1,00 0,80 3,46
FAHRWERK	Selbsttragende Karosserie, vorn Doppelquerlenker, Schraubenfedern, Gummi-Zusatzfedern, Drehstab-Stabilisator, hinten Diagonal-Pendelachse, Schräglenker, Schraubenfedern, Gummi-Zusatzfedern, Drehstab-Stabilisator, auf Wunsch Niveauregulierung	
Lenkung Übersetzung	Kugelumlauf 14,35:1	Kugelumlauf 14,35:1
Bremsen	Zweikreishydr. Servohilfe auf Wunsch ABS	Zweikreishydr. Servohilfe auf Wunsch ABS
MASSE UND GEWICHTE		
Radstand mm Spurweite vorn mm Spurweite hinten mm Länge/Höbe/Breite Reifengröße Wendekreis m Leergewicht kg Zul. Gesamtgewicht Tankinhalt	2935 1555 1527 5020 1820/1437 205 oder 215/65 HR 15 12 1580 2040 90	2935 (SEL 3075) 1555 1527 5020 (SEL 5160) 1820/1437 (SEL 1440) 205/65 HR 15 12 (SEL 12,3) 1580 (SEL 1610) 2040 (SEL 2070) 90
FAHRLEISTUNGEN (Werksangaben)		
max Geschwindigkeit km/h	205	210
Beschleunigung 0-100 km/h in Sek.	11	10 (Autom. 11)
Verbrauch l auf 100 Kilometer	15	15

	420 SE (W126 E42) 6/85-3/91	560 SEL (W126 E56) 9/85-3/91
MOTOR	Achtzylindermotor,90 Grad V-Form, hängende Ventile, je Zylinderreihe eine obenliegende Nockenwelle, Antrieb durch Duplex-Kette, fünffach gelagerte Kurbelwelle	
Hubraum in ccm	4196	4973
Bohrung × Hub in mm	92,0×78,9	96,5×94,8
PS bei U/min	218/5200 (Kat 205/5200)	300/500 (Kat 272/5000) US-Markt: 242/4800
max. Drehmoment mkg bei U/min	33/3750 (Kat: 31/3600)	45,5/3750 (Kat: 43/3750) US-Markt: 39,0/3500
Verdichtung	9,0:1	10:1 (Kat 9:1)
Gemischaufbereitung	Mech. Einspritzung KE-Jetronic Bosch	Mech. Einspritzung KE-Jetronic Bosch
Batterie	12V 66 Ah	12V 66 Ah
Lichtmaschine	Drehstrom 1120 W	Drehstrom 1120 W
KRAFTÜBERTRAGUNG	Antrieb auf die Hinterräder, zweiteilige Gelenkwelle, hydraulischer Wandler und Viergang-Planetengetriebe	
Getriebeübersetzung Achsantrieb	2,47	2,65
FAHRWERK	Selbsttragende Karosserie, vorn Doppelquerlenker, Schraubenfedern, Gummi-Zusatzfedern, Drehstab-Stabilisator, hinten Diagonal-Pendelachse, Schräglenker, Schraubenfedern, Gummi-Zusatzfedern, Drehstab-Stabilisator, auf Wunsch Niveau-Regulierung (beim 560 SEL Serie).	
Lenkung Übersetzung	Kugelumlauf 14,35:1	Kugelumlauf 14,35:1
Bremsen	Zweikreishydr. Servohilfe, ABS	Zweikreishydr. Servohilfe, ABS
MASSE UND GEWICHTE		
Radstand mm Spurweite vorn mm Spurweite hinten mm Länge/Höhe/Breite Reifengröße Wendekreis m Leergewicht kg Zul. Gesamtgewicht Tankinhalt	2935 (SEL 3075) 1555 1527 5020 (SEL 5160) 1820/1437 (1446) 205/65 VR 15 (205/65 VT 15) 12 (12,3) 1700 (1730) 2120 (2150) 90	3075 1555 1527 5160/1820/1446 215/65 VR 15 12,3 1900 2270 90
FAHRLEISTUNGEN (Werksangaben)		
max Geschwindigkeit in km/h	215	245 (Kat 235)
Beschleunigung 0-100 km/h in Sek.	10	7,5 (Kat 8)
Verbrauch l auf 100 Kilometer	16	18
ABWEICHENDE DATEN FÜR 380 SEC, 500 SEC, 420 SEC, 500 SEC, 560 SEC		
Radstand mm Länge/Höhe/Breite Wendekreis m Leergewicht Höchstgeschwindigkeit	2850 (420 SEC/500 SEC/560 SEC: 2845) 4910/1820/1406 (4935/1820/1406) 11,8 60 kg weniger als SE, 120 weniger als SEL 210, 225, 215, 230, 250 (Kat 240)	

	300 SE (W140 E30)	**400 SE (W140 E40)**	**500 SE (W140 E50)**
MOTOR	Sechszylinder-Reihenmotor (300 SE), Achtzylindermotor, 90 Grad V-Form (400 SE/500 SE), zwei obenliegende Nockenwellen, verstellbare Einlaßnockenwelle (V8-Motoren: je eine pro Zylinderreihe), Antrieb über Duplex-Kette, siebenfach (V8-Motoren: fünffach) gelagerte Kurbelwelle.		
Hubraum in ccm	3199	4196	4973
PS bei U/min	231/5800	286/5700	326/5700
max. Drehmomoment mkg bei U/min	31,6/4100	41,8/3900	48,9/3900
Verdichtung	10:1	10:1	10:1
Batterie	12V 74 Ah	12V 100 Ah	12V 100 Ah
Lichtmaschine	Drehstrom 1400 W	Drehstrom 1680 W	Drehstrom 1680 W
Gemischaufbereitung	LH-Einspritzung mit Hitzdraht-Luft- massenmessung Bosch	LH-Einspritzung mit Hitzdraht-Luft- massenmessung Bosch	LH-Einspritzung mit Hitzdraht- Luftmassenmessung Bosch
KRAFTÜBERTRAGUNG	Antrieb auf die Hinterräder, Einscheiben-Trockenkupplung, Fünfganggetriebe, auf Wunsch Automatik (Serie bei 400 SE und 500 SE): Viergang- oder Fünfgang-Planetengetriebe, hydraulischer Wandler		
Getriebeübersetzung 1. Gang 2. Gang 3. Gang 4. Gang 5. Gang Achsantrieb	 4,15 2,52 1,69 1,24 1,00 3,46	3,46/3,69	3,46/3,69
FAHRWERK	Selbsttragende Karosserie, vorn doppelte Querlenker, Bremsmomentabstützung, Gasdruck-Stoßdämpfer mit Zuganschlagfeder, Schraubenfeder, Stabilisator, hinten Raumlenker-Achse mit Anfahr- und Bremsmomentabstützung, Gasdruck-Stoßdämpfer, Schraubenfedern, Stabilisator		
Lenkung Übersetzung	Kugelumlauf 14,02:1 Servo	Kugelumlauf 14,02:1 Servo	Kugelumlauf 14,02:1 Servo
Bremsen	Zweikreishydr. Servohilfe, ABS, vier Scheibenbr.	Zweikreishydr. Servohilfe, ABS vier Scheibenbr.	Zweikreishydr. Servoh., ABS vier Scheibenbr.
MASSE UND GEWICHTE			
Radstand Spurweite v. mm Spurweite h. mm Länge/Höhe/Breite Reifengröße Wendekreis m	3040 (SEL 3140) 1602 1574 5113 (SEL 5213) 1492/1886 225/60 R 16H2 12,2 (SEL 12,5)	3040 (SEL 3140) 1602 1574 5113 (SEL 5213) 1492/1886 225/60 R 16H2 12,2 (SEL 12,5)	3040 (SEL 3140) 1602 1574 5113 (SEL 5213) 1492/1886 225/60 R 16H2 12,2 (SEL 12,5)
Leergewicht kg Zul. Gesamtgewicht Tankinhalt l	1890 (SEL 1900) 2410 (SEL 2420) 100	1990 (SEL 2000) 2510 (SEL 2520) 100	2000 (SEL 2010) 2520 (SEL 2530) 100
FAHRLEISTUNGEN (Werksangaben)			
max. Geschwindigkeit in km/h	225 (Autom. 230/225)	245/245	250/250
Beschleunigung 0-100 km/h in Sek.	8,6 (Autom. 8,9/8,6)	7,6/7,7	6,7/6,7
Verbrauch l auf 100 Kilometer	14	15	15

	600 SE (W 140)
MOTOR	Zwölfzylindermotor, 60 Grad V-Form, je zwei obenliegende Nockenwellen pro Zylinderreihe (je eine verstellbare Einlaßnockenwelle pro Zylinderreihe), Antrieb über Duplex-Kette, siebenfach gelagerte Kurbelwelle.
Hubraum in ccm	5987
PS bei U/min	408/5200
max. Drehmoment mkg bei U/min	59,1/3800
Verdichtung	10:1
Batterie	12V 100 Ah
Lichtmaschine	Drehstrom 1680 W
Gemischaufbereitung	LH-Einspritzung mit Hitzdrahtluftmassenmessung Bosch
KRAFTÜBERTRAGUNG	Antrieb auf die Hinterräder, Einscheiben-Trockenkupplung, Viergang-Planetengetriebe, hydraulischer Wandler
Getriebeübersetzung 1. Gang 2. Gang 3. Gang 4. Gang 5. Gang Achsantrieb	 2,65
FAHRWERK	Selbsttragende Karosserie, vorn doppelte Querlenker, Bremsmomentabstützung, Gasdruck-Stoßdämpfer mit Zuganschlagfeder, Schraubenfeder, Stabilisator, hinten Raumlenker-Achse mit Anfahr- und Bremsmomentabstützung, Gasdruck-Stoßdämpfer, Schraubenfedern, Stabilisator Niveauregulierung
Lenkung Übersetzung	Kugelumlauf 14,02:1 Servohilfe
Bremsen	Zweikreishydr., Servohilfe, ABS, vier Scheibenbremsen
MASSE UND GEWICHTE	
Radstand Spurweite vorne mm Spurweite hinten mm Länge/Höhe/Breite Reifengröße Wendekreis m	3040 (SEL 3140) 1602 1574 5113 (SEL 5213)/1490/1886 235/60 ZR 16 12,1 (SEL 12,5)
Leergewicht kg Zul. Gesamtgewicht Tankinhalt l	2180 (SEL 2190) 2640 (SEL 2650) 100
FAHRLEISTUNGEN (Werksangaben)	
max. Geschwindigkeit km/h	250
Beschleunigung 0-100 km/h in Sek.	6,0 (SEL 6,1)
Verbrauch l auf 100 Kilometer	16,0

PRODUKTIONSZAHLEN W 108

	1965	1966	1967	1968	1969	1970	1971	1972	Gesamt
250 S	2844	31564	37866	2014	389	–	–	–	74 677
250 SE	1334	26555	27242	50	–	–	–	–	55 181
280 S	–	–	762	20110	25249	24882	16234	6429	93 935
280 SE	–	–	365	18685	25081	25627	14871	6422	91 051
280 SEL	–	–	–	1688	2610	3674	278	–	8 250
300 SEL	–	–	37	1325	1137	20	–	–	2 519
250 S – 300 SEL	4178	58119	66272	43872	54466	54248	31383	12851	325 389
280 SE 3,5	–	–	–	–	–	3	7450	3856	11 309
280 SEL 3,5	–	–	–	–	–	3	565	383	951
280 SE 4,5	–	–	–	–	–	–	5782	7745	13 527
280 SEL 4,5	–	–	–	–	–	–	1871	6302	8 173
300 SEL 3,5	–	–	–	–	158	4908	3225	1297	9 583
300 SEL 4,5	–	–	–	–	–	–	656	1897	2 553
300 SEL 6,3	–	–	1	1094	2578	1797	670	386	6 526
280 SE 3,5 – 300 SEL 6,3	–	–	1	1094	2736	6711	20219	21866	52 672
W 108/109 ZUSAMMEN									**378 016**

PRODUKTIONSZAHLEN W 116

	1972	1973	1974	1975	1976	1977	1978	1979	1980	Gesamt
280 S	3787	15430	20808	21996	18031	17080	15307	9208	1291	122 848
280 SE	3735	18266	18634	17376	17968	26903	23571	22568	1572	150 593
280 SEL	–	1	535	716	1042	1295	1622	1551	270	7 032
280 zus.:	7522	33697	39977	40088	37059	45278	40500	33327	3133	280 473
350 SE	4353	14340	7226	5447	4734	5723	4964	4099	214	51 100
350 SEL	–	58	529	552	718	807	911	653	38	4 266
450 SE	52	13400	7579	4672	5188	4223	3570	2746	174	41 604
450 SEL	24	6930	8350	6167	9650	10042	8508	8217	1690	59 578
450 SEL 6,9	–	–	–	474	1475	1798	1665	1839	129	7 380
350 – 450 zusammen	4429	34728	23684	17312	21765	22593	19618	17554	2245	163 928
300 SD	–	–	–	–	–	51	5970	13194	9419	28 634
W 116 ZUSAMMEN:										**473 035**

PRODUKTIONSZAHLEN W 126

	1979	1980	1981	1982	1983	1984	1985	Gesamt
280 S	408	6348	7212	8761	8568	6203	5496	42 996
280 SE	812	22482	26654	23287	25229	22656	12835	133 955
280 SEL	1	887	2423	3843	4302	4598	4601	20 655
380 SE	217	7935	8603	7429	8147	14618	11290	58 239
380 SEL	1	1648	6726	8496	6270	2016	1857	27 014
500 SE	149	5312	3308	3349	3646	2790	3194	*21 748
500 SEL	2	2206	5942	8966	12095	14808	12751	*56 770
	1590	46818	60868	64131	68257	67689	52024	361 377
300 SD	3	4857	16595	18122	20291	12546	6311	78 725

* = Zwischensumme

PRODUKTIONSZAHLEN W 126

	1985	1986	1987	1988	1989	1990	Gesamt
260 SE	2222	6198	4657	3120	2455	2100	20 752
300 SE	5432	18134	15105	20431	20289	21058	100 448
300 SEL	1379	4815	6886	8686	10985	6428	39 179
420 SE	1689	1689	4181	2704	1528	1543	13 815
420 SEL	6102	19238	18623	9467	9181	8324	70 935
500 SE	(3194)	2351	1722	1895	2676	2308	10 952
500 SEL	(12751)	4032	2163	2087	1560	1331	11 173
560 SE	–	–	–	486	426	337	1 249
560 SEL	2097	16559	13494	12832	12990	13728	71 700
	18821	73016	66831	61708	62390	57207	340 203
300 SDL	47	8274	5509	–	–	–	13 830
350 SD	–	–	–	–	–	1181	1 181
350 SDL	–	–	–	–	18	2032	2 050
ZUSAMMEN							**17 061**

W 126 im Jahre 1991 bis einschließlich April: **13 944**
W 126 INSGESAMT **812 310**

PRODUKTION VORSERIE W140 IM JAHRE 1990:

300 SE	300 SEL	400 SE	400 SEL	500 SE	500 SEL	600 SE	600 SEL	Gesamt
29	22	10	11	20	40	3	25	160

PRODUKTION 280 SE 3,5 COUPÉ UND CABRIOLET: 4502 (Coupé/Cabriolet 1961–1971 insgesamt 36 830)

PRODUKTION SEC:

380 SEC:	11 267
500 SEC:	23 373 (einschl. 1990)
420 SEC:	4 679 (einschl. 1990)
560 SEC:	44 270 (einschl. 1990)
BIS 1990:	83 579

PRODUKTION IM AUSLAND (Südafrika) (380 SE, 420 SE, 500 SE)

1985:	720
1986:	1110
1987:	780
1988:	1620
1989:	1440

NEUZULASSUNGEN BUNDESREPUBLIK DEUTSCHLAND

W 108/109	1965	1966	1967	1968	1969	1970	1971	1972	Gesamt
250 S/SE	5383	61720	31585	22547	27870	–	–	–	149 105
300 SE/SEL	1822	3890	878	1325	1295	–	–	–	9 210
300 SEL 6,3	–	–	1	1094	2578	1797	670	223	6 363
280 S/SE/SEL	–	–	2	*49383	*64701	*62734	15618	4836	197 274
280 SE 3,5	–	–	–	–	–	3306	4873	2276	10 455
300 SEL 3,5	–	–	–	–	–	4903	1935	662	7 500
GESAMT	7205	65610	32466	74349	96444	72740	23096	7997	379 907

*: einschließlich 280 SL

W 116	1972	1973	1974	1975	1976	1977	1978	1979	1980	Gesamt
280 S/SE/SEL	3745	20059	19641	20465	18155	23498	23746	19620	1909	150 838
350 SE/SEL	2314	8875	3665	3188	3316	4371	4174	2824	179	32 906
450 SE/SEL	18	3364	3872	3248	3483	4308	3804	2472	154	24 723
450 SEL 6,9	–	–	–	253	790	712	491	419	72	2 737
GESAMT	6077	32298	27178	27154	25744	32889	32215	25335	2174	211 064

	1979	1980	1981	1982	1983	1984	1985	1986	1987	1988	1989	1990	Gesamt
280 S/SE/SEL	14	19084	18555	16350	17535	14727	8251	–	–	–	–	–	94 516
380 SE/SEL	20	6915	7016	5401	4279	3895	2460	2	–	–	–	–	29 988
500 SE/SEL	19	5467	4999	6250	7721	5894	5633	3683	2310	1801	1708	1439	46 924
260 SE	–	–	–	–	–	–	504	3235	2412	1507	1196	992	9 846
300 SE/SEL	–	–	–	–	–	–	3156	10777	7640	6072	6701	6920	41 266
420 SE/SEL	–	–	–	–	–	–	1181	3569	2121	1612	1462	1236	11 181
560 SE/SEL	–	–	–	–	–	–	7	1763	2383	2727	3559	3266	13 705
GESAMT	53	31466	30570	28001	29535	24516	21192	23029	16866	13719	14626	13853	247 426

FAHRZEUGBESTAND 1. 7. 1990

W 108/109:

250 S:	1197
250 SE:	756
280 S:	3073
280 SE:	3281
300 SE:	61
300 SEL 3,0 L:	32
300 SEL 2,8 L:	78
280 SE 3,5/SEL 3,5:	1170
300 SEL 3,5:	840
300 SEL 6,3:	154
	10 642

W 116:

280 S:	19 555
280 SE:	45 513
350 SE/SEL:	11 955
450 SE/SEL:	7 478
450 SEL 6,9:	667
	85 167

W 126:

Baureihe zum 1. 7. 90: 173 591

PREISE

(In DM bei Einführung des Modells und nach der letzten Preisanhebung, gegebenenfalls einschließlich Mehrwertsteuer)

W 108/109	1965	1966	1968	1970	1971
250 S	15.300,–	15.800,–	–	–	–
250 SE	16.850,–	17.350,–	–	–	–
300 SE	21.500,–	22.100,–	–	–	–
300 SEL	–	28.600,–	–	–	–
280 S	–	–	17.000,–	–	19.760,–
280 SE	–	–	18.600,–	–	21.590,–
280 SE 3,5	–	–	–	–	24.920,–
300 SEL 3,5	–	–	–	31.025,–	32.635,–
300 SEL 6,3	–	–	39.160,–	–	45.400,–

W 116	1972	1973	1975	1979
280 S	23.800,–		34.200,–	
280 SE	25.500,–		36.500,–	
280 SEL	–	30.700,–	38.900,–	
350 SE	28.900,–	–	40.700,–	
450 SE	–	34.000,–	–	45.600,–
450 SEL	–	40.300,–	–	51.100,–
450 SEL 6,9	–	–	70.000,–	81.300,–

W 126	1979	1984	1985	1990
280 S	37.800,–	48.800,–	–	–
280 SE	40.800,–	52.700,–	–	–
380 SE	46.700,–	63.700,–	–	–
500 SE	50.700,–	–	–	–
500 SEL	56.200,–	–	–	–
260 SE	–	–	53.200,–	64.068,–
300 SE	–	–	57.600,–	68.856,–
420 SE	–	–	70.700,–	84.075,–
560 SEL	–	–	121.400,–	137.028,–

W 140 1991							
300 SE	**300 SEL**	**400 SE**	**400 SEL**	**500 SE**	**500 SEL**	**600 SE**	**600 SEL**
87.895,–	92.112,–	107.958,–	112.176,–	116.166,–	123.006,–	194.142,–	198.360,–

WIRTSCHAFTSDATEN

	Prod. PKW	Prod. Nutzf.	Prod. gesamt	Beschäft.	Umsatz AG in	Umsatz Konzern in Mill.	Reingew. in Mill.
1959	108440	62598	171038	63432	2471,2	–	21,6
1960	122684	57911	180595	67521	2904,8	–	32,4
1961	137431	57074	194505	71114	3276,2	–	37,8
1962	146393	58995	205388	77596	3594,8	–	47,3
1963	153182	63912	217094	76930	3809,0	–	57,6
1964	165532	65634	231166	78835	4225,6	–	72,9
1965	174007	66331	240338	81845	4474,4	5234	85,1
1966	191625	71178	262803	84419	5039,3	6054	91,2
1967	200470	59518	259988	79832	5058,0	6146	91,2
1968	216284	94523	310807	87967	5819,0	7165	115,2
1969	256713	146104	402817	99006	7334,0	9590	129,2
1970	280419	171362	451781	103490	10016,0	11675	140,6
1971	284230	159677	443897	106512	10625,0	12740	162,0
1972	323878	168482	492360	122601	11603,0	13951	171,0
1973	331682	177061	508743	126855	13040,0	15450	170,6
1974	340006	161400	501406	122899	14200,0	16958	177,8
1975	350098	180005	530103	122775	17143,0	21008	202,0
1976	370348	193204	563552	126652	19358,0	23503	225,0
1977	401255	187298	588553	131807	21146,0	25864	228,0
1978	393203	173101	566304	134437	21953,0	26954	243,0
1979	422159	188000	610159	141401	23454,0	27367	270,3
1980	429078	203041	632118	145532	26472,0	31054	297,0
1981	440778	196076	636854	148341	29084,0	36661	304,0
1982	458345	187044	645389	149118	31124,0	38905	349,8
1983	476183	157418	633601	151273	32179,0	40005	355,2
1984	478349	143101	621450	158043	31972,0	43505	364,6
1985	541039	143387	684426	186652	37079,0	52409	643,9
1986	594080	145757	739837	257538	40590,0	65498	702,0
1987	598079	144648	742727	262658	41332,0	67475	701,6
1988	559713	154319	714032	170577	41729,0	73495	691,0
1989	542160	157187	699347	223219	54969,0	76392	560,0

Bis 1988 beziehen sich Beschäftigte und Umsatz der AG auf die Automobilproduktion im Inland. Mit Gesamtumsatz ist bis 1988 die Daimler-Benz AG einschließlich in- und ausländischer Beteiligungsgesellschaften gemeint, also auch einschließlich der ausländischen Nutzfahrzeugproduktion. 1989 beziehen sich die Zahlen der Mitarbeiter und des Umsatzes der AG auf den Unternehmensbereich Mercedes-Benz im Inland, der Gesamtumsatz auf den 1989 neu gebildete Gesamtkonzern. Der Reingewinn (Bilanzgewinn) bezieht sich immer auf den Gesamtkonzern.

MODELLAUTOS (AUSWAHL)

Baureihe	Maßstab (1:...)	Firma	Land	Bauj.	Mat.	Ausstattung	1991 noch im Handel
W 108	12	Rico	E	70	P,B	Sp,FK,H,B	nein
W 108	12	Rex	D	70	P	Sp,FK,H,B	nein
W 108	20	Huki	D	70	B	Sp	nein
W 108 Polizei	20	Huki	D	–	B	Sp,FK	nein
W 108	22	Gama	D	70	P,B	Sp,FK	nein
W 108	43	Galante	S	70	G	Sp	nein
W 108	43	Norev	F	70	P	Sp	nein
W 108	43	Sublon	B	70	MG	Sp	nein
W 108	43	Dinky	GB	70	MG	Sp,B	nein
W 108	60	Siku	D	70	MG	Sp	nein
W 108	60	Hammer	D	70	P	Sp	nein
W 108	87	Wiking	D	68	P	Sp	nein
W 108	160	Wiking	D	68	P	Sp	ja
W 116	11	Rex	D	75	P	Sp,E,FK,B	nein
W 116	12	Gama	D	75	P	Sp	nein
W 116	20	Dikie	D	78	P	Sp,FK	nein
W 116 (Notarzt)	20	–	Hongkong	78	P	Sp,A	nein
W 116	20	MF	China	–	P	Sp	nein
W 116	24	Mebetoys	I	80	MG	Sp	nein
W 116	24	Gama	D	75	MG	Sp	nein
W 116	25	Burago	I	75	MG	Sp	nein
W 116	25	MF	China	–	P	Sp	nein
W 116	36	CKO	D	–	B	Sp,F	nein
W 116 (Taxi)	36	CKO	D	–	B	Sp,F	nein
W 116	36	Cursor	D	–	MG	Sp	nein
W 116 (Notarzt)	43	Schuco	D	–	MG	Sp	nein
W 116 (Polizei)	43	Schuco	D	–	MG	Sp	nein
W 116	43	Schuco	D	–	MG	Sp,A	nein
W 116	43	Gama	D	–	MG	Sp	nein
W 116	50	Polystil	I	80	MG	Sp	nein
W 116	60	Schuco	D	–	MG	Sp	nein
W 116	87	Wiking	D	74	P	Sp	nein
W 116	160	Wiking	D	–	P	Sp	nein
W 126	22	–	Asien	88	P	Sp	ja
W 126	24	Lucky	Hongkong	84	P	Sp	ja
W 126	24	Tamiya	Japan	82	P	K	ja
W 126	25	Lucky	Hongkong	89	P	Sp,F	ja
W 126	25	Burago	I	85	MG	Sp	ja
W 126	36	NZG	D	79	MG	Sp	ja
W 126	36	NZG	D	80	MG	Sp	ja
W 126	36	NZG	D	86	MG	Sp	ja
W 126	43	Norev	F	80	MG	Sp	ja
W 126	43	Mattel	I	80	MG	Sp	ja
W 126	43	Satming	Thailand	80	MG	Sp,F	ja
W 126	60	Siku	D	83	MG	Sp	ja
W 126	87	Herpa	D	81	P	Sp	ja
W 126	87	Wiking	D	81	P	Sp	ja
W 126 Coupé	87	Herpa	D	82	P	Sp	ja
W 126	87	Fleischmann	D	–	P	Sp	ja
W 126 Coupé	87	Miber	Japan	86	P	Sp	ja
W 126	160	Fleischmann	D	–	P	Sp	ja
W 140	43	Cursor	D	91	MG	Sp	ja
W 140	60	–	D	91	MG	St/W	nein

B = Blech, P = Plastik, MG = Metallguß, G = Gummi
Sp = Spielzeug, St = Standmodell, K = Bausatz (Kit), W = Werbemodell, A = Antrieb, B = Beleuchtung, F = Schwungrad/Friktion, H = Horn, FK = Fernlenkung Kabel

Quelle: Roland Rittmann, MBMC

PRESSEVERÖFFENTLICHUNGEN (Auswahl)

Zeitschrift	Ausgabe/Jahr	Typ	Bemerkung
W 108/109			
auto motor u. sport	2/66	250 SE	Test
Motor-Rundschau	3/66	250 S	Test
Motor-Rundschau	1/67	250 SE	Fahrbericht
auto motor u. sport	4/67	250 S	Winter-Vergleich
auto motor u. sport	8/67	250 S	Automobil-Report
auto motor u. sport	9/67	250 S	Automobil-Report
auto motor u. sport	6/68	300 SEL 6,3	Kurztest
Motor-Rundschau	6/68	300 SEL 6,3	Technikbeschreibung
auto motor u. sport	17/68	300 SEL 6,3	Test
auto motor u. sport	18/68	280 SE	Test
Motor-Rundschau	23/68	280 SE	Test
auto motor u. sport	5/70	300 SEL 3,5	Test
auto motor u. sport	8/70	300 SEL 3,5	Vergleichstest
auto motor u. sport	19/70	280 SE	Vergleichstest
auto motor u. sport	20/70	280 SE	Vergleichstest
auto motor u. sport	17/73	300 SEL 6,3	Reportage
Markt	8/88	Baureihe	Titelgeschichte
W 116			
auto motor u. sport	20/72	350 SE/280 SE	Neuheitenvorstellung
Auto Zeitung	20/72	Baureihe	Neuheitenvorstellung
auto motor u. sport	2/73	350 SE	Test
Auto Zeitung	7/73	450 SE	Neuheitenvorstellung
auto motor u. sport	8/73	450 SE	Neuheitenvorstellung
Auto Zeitung	9/73	450 SE	Fahrbericht
auto motor u. sport	15/73	280 SE	Test
Auto Zeitung	16/73	350 SE	Test
Auto Zeitung	22/73	450 SEL	Test
auto motor u. sport	5/75	450 SEL 6,9	Neuheitenvorstellung
auto motor u. sport	11/75	450 SEL 6,9	Fahrbericht
Auto Zeitung	12/75	450 SEL 6,9	Fahrbericht
Auto Zeitung	18/75	450 SEL 6,9	Vergleichstest
auto motor u. sport	21/75	450 SEL 6,9	Test
auto motor u. sport	20/76	280 SE	Vergleichstest
auto motor u. sport	21/76	450 SEL	Kurztest
auto motor u. sport	8/77	350 SE	Kurztest
auto motor u. sport	14/77	280 SE	Leserberichte
auto motor u. sport	6/78	280 S/350 SE	Vergleichstest
auto motor u. sport	10/78	Baureihe	Reifenberatung
auto motor u. sport	16/78	Baureihe	Kaufberatung
auto motor u. sport	19/78	Baureihe	Kaufberatung
W 126			
Automobil-Revue (CH)	39/80	280 SE	Test
Automobil-Revue (CH)	50/80	500 SE	Test
auto motor u. sport	18/85	560 SEL	Neuheitenvorstellung
auto motor u. sport	20/85	Neue Modelle	Fahrberichte
auto motor u. sport	19/87	Neue Motoren	Technikbeschreibung
auto motor u. sport	20/87	560 SEL	Vergleichstest
auto motor u. sport	23/88	500 SE	Vergleichstest
auto motor u. sport	14/90	420 SE	Vergleichstest
Automobil-Revue (CH)	9/91	350 SDL	Test
W 140 (bis April 1991)			
auto motor u. sport	26/88	Baureihe	Vorab-Bericht
Auto Zeitung	9/90	Baureihe	Vorab-Bericht
Auto Zeitung	20/90	Baureihe	Vorab-Bericht
auto motor u. sport	21/90	Baureihe	Vorab-Bericht
Automobil-Revue (CH)	47/90	Baureihe	Vorab-Bericht
auto motor u. sport	26/90	Baureihe	Vorab-Bericht
Automobil-Revue (CH)	52/90	Baureihe	Vorab-Bericht
Automobil-Revue (CH)	8/91	Baureihe	Vorab-Bericht
auto motor u. sport	5/91	Baureihe	Vorab-Bericht
auto motor u. sport	6/91	Baureihe	Entwicklungsgeschichte
mot	7/91	Baureihe	Neuheitenvorstellung
auto motor u. sport	7/91	600 SEL	Test
Auto Zeitung	7/91	600 SEL	Vergl. Fahrbericht
Kraftfahrzeugtechnik	4/91	Baureihe	Technikbeschreibung
mot	9/91	Baureihe	Sonderteil